建设工程消防设计审查验收培训系列

建设工程消防设计审查必读

主编　田玉敏

应 急 管 理 出 版 社

· 北　京 ·

图书在版编目（CIP）数据

建设工程消防设计审查必读／田玉敏主编．--北京：应急
管理出版社，2020
建设工程消防设计审查验收培训系列
ISBN 978-7-5020-7721-1

Ⅰ.①建… Ⅱ.①田… Ⅲ.①建筑工程—消防设备—建
筑设计—技术培训—教材 Ⅳ.①TU892

中国版本图书馆 CIP 数据核字（2019）第 222434 号

建设工程消防设计审查必读
（建设工程消防设计审查验收培训系列）

主 编	田玉敏
责任编辑	唐小磊
编 辑	梁晓平
责任校对	陈 慧
封面设计	罗针盘

出版发行 应急管理出版社（北京市朝阳区芍药居 35 号 100029）
电 话 010-84657898（总编室） 010-84657880（读者服务部）
网 址 www.cciph.com.cn
印 刷 北京市庆全新光印刷有限公司
经 销 全国新华书店

开 本 710mm×1000mm^1/$_{16}$ 印张 15^1/$_2$ 字数 282 千字
版 次 2020 年 3 月第 1 版 2020 年 3 月第 1 次印刷
社内编号 20193002 定价 65.00 元

编写人员名单

主　　编　田玉敏
参编人员　田俊静　刘宸志　杨艳军　陈　启
　　　　　陈美合　蔡晶菁

前　　言

2018 年，我国消防体制改革进入了历史性的深化阶段。

2018 年 10 月 9 日，公安消防部队集体转隶应急管理部。至此，消防工作走上了职业化的道路。

2019 年 4 月 23 日，第十三届全国人民代表大会常务委员会第十次会议通过了最新修改的《消防法》，调整了建设工程消防设计审查验收的主管部门，进一步明确：建筑消防工程的审查验收由住房和城乡建设部承担。

根据住房和城乡建设部及应急管理部要求，2019 年 7 月 1 日，住房和城乡建设部门正式接手消防审查验收工作，翻开了我国消防管理崭新的一页。

为了帮助进入新工作岗位的工程师、消防管理人员尽快适应工作，我们组织高校名师，长期从事消防建审、验收工作的工程师、高级消防操作员等编写了建设工程消防设计审查验收培训系列丛书。该套丛书总结了前人的工作经验，提炼了常用消防标准的要点与方法，以给从事消防设计审查、验收等相关工作的人员提供有力帮助。

建设工程消防设计审查工作是一项实践性、原则性都很强的工作，属于预先火灾风险评价。主要包括：常规建筑防火设计审查、消防设施设置审查、特殊建筑防火设计审查等具体工作。这项工作对于识别建筑设计阶段存在的"先天火灾隐患"，并及时消除火灾风险有着重要作用。

《建设工程消防设计审查必读》一书，以《建设工程消防设计审查规则》（GA 1290—2016）为依据，对消防设计审查工作中常用的消防技术标准与规范进行了归纳总结，给出了主要审查内容、审查要点、对应的规范条目，增加了必要的配图，使知识点通俗易懂。同时，对在从事消防设计审查工作中可能遇到的难点问题，进行了深入浅出的剖析。

本书由中国人民警察大学田玉敏教授、博士主编。田玉敏教授编写了第一章、第二章、第六章，并负责全书的统稿工作；陈美合高级消防设施操作员编写了第三章第一节、第二节、第三节、第九节；福建消防救援总队防火监督部蔡晶菁高级工程师编写了第三章第四节、第十节；中国人民警察大学刘宸志讲师编写了第三章第七节、第八节；中国人民警察大学田俊静副教授编写了第三章第五节、第六节、第十一节；苏州消防支队防火处杨艳军工程师编写了第四章；武汉消防支队防火处陈启工程师编写了第三章第十二节、第五章。

本书也可以作为高校建筑专业、土木工程专业大学生及注册消防工程师等学习的辅助教材。

本书在编写过程中，景绒教授、张学魁教授等许多消防知名专家提出了宝贵的意见，在此表示诚挚的谢意；另外，也得到了应急管理部消防救援局、天津消防科研所、中国人民警察大学等单位有关领导、专家的大力帮助，在此一并表示衷心的感谢。

由于编者水平有限，书中难免存在疏漏和不足之处，恳请广大读者批评指正。

编　者

2020 年 2 月

目　　次

第一章 消防设计审查概论

第一节 消防设计审查基本原则

一、我国消防改革基本情况

（一）消防现役部队集体转隶

中华人民共和国成立以来，我国消防管理主要是依靠行政管理的手段。

改革开放以后，消防工作主力军是公安部消防局领导的现役部队，即各省、市、自治区的消防工作主要由消防总队、消防支队、消防大队、消防中队（消防站）承担。

现役"消防兵"的前身为公安消防警察。1982年6月，中国人民武装警察部队成立，与此同时也代表着武警消防部队警种的诞生。他们既承担着灭火救援、抢险救灾等消防保卫任务，又担负应对非暴力突发事件、救援平民的职能。

1985年8月，公安部将全国消防部队从中国人民武装警察部队划出，归各级公安机关领导。至此，较长时间以来，消防部队归属武警序列，由公安机关领导与指挥。

近30年来，公安部消防局领导的现役部队在防火、灭火、应急抢险救援中发挥了重要作用，无愧于时代赋予的使命。但是，随着我国经济的发展，改革开放的不断深入，消防职业化已经成为社会发展的必然趋势。2018年3月21日，中共中央印发了《深化党和国家机构改革方案》，公安消防部队不再列武警部队序列。

2018年10月9日，公安消防部队集体转隶应急管理部。公安部消防局更名为应急管理部消防救援局。至此，消防工作走上了职业化的道路。

消防队伍将作为应急管理部的应急骨干力量，在肩负传统使命的同时，承担起新的职责，对于消防职业化来说，这不仅是半个世纪后的回归，也是中国近代百年消防史的新起点。

（二）新《消防法》颁布实施

2019年4月23日，第十三届全国人民代表大会常务委员会第十次会议通过了最新修改的《消防法》，调整了建设工程消防设计审查和验收的主管部门，进一步明确了建设工程消防设计审查和验收由住房和城乡建设部承担。

（三）住房和城乡建设部门已经接手消防审查验收工作

2019年4月1日，根据住房和城乡建设部及应急管理部要求，建设工程消防设计审查验收工作将由住房和城乡建设主管部门承接。

2019年7月1日，是住房和城乡建设部门接手消防审查验收的首日。

（四）住房和城乡建设部发布《建设工程消防设计审查和验收管理规定（征求意见稿）》

2019年5月初，住房和城乡建设部根据《建筑法》及新《消防法》《建设工程质量管理条例》等法律行政法规，在《建设工程消防监督管理规定》（公安部令第119号）基础上，起草了《建设工程消防设计审查和验收管理规定（征求意见稿）》。该征求意见稿根据新《消防法》的变化作了一些修改，但总体变化不大。

二、新《消防法》关于"建设工程消防设计审查和验收"的规定

新《消防法》里，关于"建设工程消防设计审查和验收"有明确的规定。尤其对于责任主体、违法行为、违法责任等，都有详细的规定，见表1-1。

表1-1　新《消防法》关于"建设工程消防设计审查和验收"的规定

责任主体	违法行为	违法责任
建设单位	（1）依法应当进行消防设计审查的建设工程（国务院住房和城乡建设主管部门规定的11类特殊建设工程），未经依法审查或者审查不合格，擅自施工的。 （2）依法应当进行消防验收的建设工程，未经消防验收或者消防验收不合格，擅自投入使用的。 （3）11类特殊建设工程以外的其他建设工程验收后经依法抽查不合格，不停止使用的	由住房和城乡建设主管部门、消防救援机构按照各自职权责令停止施工、停止使用或者停产停业，并处3万元以上30万元以下罚款（新《消防法》第五十八条）
	建设单位未依照本法规定在验收后报住房和城乡建设主管部门备案的	由住房和城乡建设主管部门责令限期改正，处5000元以下罚款（新《消防法》第五十八条）
	要求建筑设计单位或者建筑施工企业降低消防技术标准设计、施工	由住房和城乡建设主管部门责令改正或者停止施工，并处1万元以上10万元以下罚款（新《消防法》第五十九条）
设计单位	不按照消防技术标准强制性要求进行消防设计的	

表1-1（续）

责任主体	违 法 行 为	违 法 责 任
建筑施工企业	不按照消防设计文件和消防技术施工标准，降低消防施工质量的	由住房和城乡建设主管部门责令改正或者停止施工，并处1万元以上10万元以下罚款（新《消防法》第五十九条）
工程监理单位	与建设单位或者建筑施工企业串通，弄虚作假，降低消防施工质量的	
审验人员	（1）对不符合消防安全要求的消防设计文件、建设工程、场所准予审查合格、消防验收合格、消防安全检查合格的。 （2）无故拖延消防设计审查、消防验收、消防安全检查，不在法定期限内履行职责的。 （3）利用职务为用户、建设单位指定或者变相指定消防产品的品牌、销售单位或者消防技术服务机构、消防设施施工单位的	尚不构成犯罪的，依法给予处分（新《消防法》第七十一条）

三、住房和城乡建设部关于"建设工程消防设计审查和验收"的原则

（一）总体原则

（1）为保证工作的连续性、稳定性、有效性，关于建设工程消防设计审查、验收、备案、抽查的工作方式和运行机制，基本沿用公安消防部门的管理模式。同时，根据新《消防法》，取消现有的消防设计备案和抽查。

（2）根据优化营商环境、工程建设项目审批制度改革等工作部署，增加施工图联合审查、建设工程联合验收的内容。

根据《国务院办公厅关于全面开展工程建设项目审批制度改革的实施意见》的要求，在建设工程消防设计审查环节增加"消防设计审查机关可以通过政府购买服务等方式，委托具备专业技术能力的机构对消防设计文件进行审查"的内容；在消防验收环节增加"实行规划、土地、消防、人防、档案等事项限时联合验收的建设工程，由地方人民政府指定的部门统一出具验收意见"的内容。

（3）根据国务院关于精简证明事项的要求，减少申请人需要提交的证明材料。

（4）对其他法律法规，如行政复议法、行政处罚法等已有规定的内容，不再重复表述。

（二）消防设计审查验收

1. 11类特殊建设工程

1）申请消防设计审查

对具有下列情形之一的特殊建设工程，建设单位应当向县级以上地方人民政府住房和城乡建设主管部门（简称消防设计审查机关）申请消防设计审查，详见表1-2。

表1-2 需要申请消防设计审查的11类特殊建设工程

序号	建筑总面积 S/m^2	对 应 场 所
1	>20000	体育场馆、会堂，公共展览馆、博物馆的展览厅
2	>15000	民用机场航站楼、客运车站候车室、客运码头候船厅
3	>10000	宾馆、饭店、商场、市场
4	>2500	影剧院，公共图书馆的阅览室，营业性室内健身、休闲场馆，医院的门诊楼，大学的教学楼、图书馆、食堂，劳动密集型企业的生产加工车间，寺庙、教堂
5	>1000	托儿所、幼儿园的儿童用房，儿童游乐厅等室内儿童活动场所，养老院、福利院，医院、疗养院的病房楼，中小学校的教学楼、图书馆、食堂，学校的集体宿舍，劳动密集型企业的员工集体宿舍
6	>500	歌舞厅、录像厅、放映厅、卡拉OK厅、夜总会、游艺厅、桑拿浴室、网吧、酒吧，具有娱乐功能的餐馆、茶馆、咖啡厅
7		国家机关办公楼、电力调度楼、电信楼、邮政楼、防灾指挥调度楼、广播电视楼、档案楼
8		上述7类以外，建筑面积>40000 m^2 或建筑高度>50 m 的单体公共建筑
9		国家标准规定的一类高层住宅建筑
10		城市轨道交通、隧道工程，大型发电、变配电工程
11		生产、储存、装卸易燃易爆危险物品的工厂、仓库和专用车站、码头，易燃易爆气体和液体的充装站、供应站、调压站

2）申请消防验收

表1-2中11类特殊建设工程，建设单位应当在建设工程竣工后向消防设计审查机关申请消防验收。

（1）申请消防验收，应当提交的材料：建设工程消防验收申请表，有关消防设施的工程竣工图纸，符合要求的检测机构出具的消防设施及系统检测合格文件。

（2）消防设计审查机关应当自受理消防验收申请之日起20个工作日内组织消防验收，并出具消防验收意见。

实行规划、土地、消防、人防、档案等事项限时联合验收的建设工程，由地方人民政府指定的部门统一出具验收意见。

生产工艺和物品有特殊灭火要求的，应在验收前征求应急管理部门消防救援机构的意见。

（3）消防设计审查机关对申请消防验收的建设工程，应当依照建设工程消防验收评定标准对消防设计审查合格的内容组织消防验收。

对综合评定结论为合格的建设工程，消防设计审查机关应当出具消防验收合格意见；对综合评定结论为不合格的，应当出具消防验收不合格意见，并说明理由。

2. 特殊消防设计

1）申请消防设计审查

具有下列情形之一的，建设单位除应当提交建设工程消防设计审查申请表和消防设计文件外，应当同时提供特殊消防设计文件，或者设计采用的国际标准、境外消防技术标准的中文文本，以及其他有关消防设计的应用实例、产品说明等技术资料，专家评审论证材料：

（1）国家工程建设消防技术标准没有规定的。

（2）消防设计文件拟采用的新技术、新工艺、新材料可能影响建设工程消防安全，不符合国家标准规定的。

（3）拟采用国际标准或者境外消防技术标准的。

2）专家评审

对特殊消防设计的建设工程，消防设计审查机关应当会同同级应急管理部门组织专家，对建设单位提交的特殊消防设计文件进行评审。参加评审的专家应当具有相关专业高级技术职称，总数不得少于7人，评审专家应当独立出具评审意见。评审专家有不同意见的，应当注明。

未经全部评审专家同意的特殊消防设计文件，不得作为消防设计审查的依据。

（三）消防验收备案抽查

1. 消防验收备案

（1）11类特殊建设工程之外的建设工程，应当进行消防验收备案。

建设单位应当在工程竣工验收合格之日起7个工作日内，向县级以上地方人民政府住房和城乡建设主管部门（简称消防验收备案机关）消防验收备案。

建设单位在进行建设工程消防验收备案时，应当提交工程消防验收备案表、有关消防设施的工程竣工图纸、符合要求的检测机构出具的消防设施及系统检测合格文件。

（2）依法不需要取得施工许可的建设工程，可以不进行消防验收备案。

（3）消防验收备案机关对备案材料齐全的，应当出具备案凭证；备案材料不齐全或者不符合法定形式的，应当一次性告知需要补正的全部内容。

2. 备案抽查

（1）消防验收备案机关应当在已经备案的建设工程中，随机确定检查对象并向社会公告。

（2）对确定为检查对象的，消防验收备案机关应当在 20 个工作日内按照建设工程消防验收评定标准完成工程检查，制作检查记录。检查结果应当向社会公告，检查不合格的，还应当书面通知建设单位。

（3）建设单位收到通知后，应当停止使用建设工程，组织整改后向消防验收备案机关申请复查。消防验收备案机关应当在收到书面申请之日起 20 个工作日内进行复查并出具书面复查意见。

（4）建设单位未依照规定进行建设工程消防验收备案的，消防验收备案机关应当依法处罚，责令建设单位在 5 个工作日内备案，并确定为检查对象；对逾期不备案的，消防验收备案机关应当在备案期限届满之日起 5 个工作日内通知建设单位停止使用建设工程。

第二节　建筑火灾基本原理

一、建筑火灾类型及原因

建筑火灾类型归纳起来主要有：电气火灾、生产作业类火灾、生活用火、吸烟、玩火、放火和自燃、雷击、静电等其他原因引起火灾等。建筑火灾类型及原因见表1-3。

表1-3　建筑火灾类型及原因

类型	原因	措施
电气火灾	据有关资料显示：电气设备过负荷、电气线路接头接触不良、电气线路短路等是引起电气火灾的直接原因。 其间接原因是电气设备故障或电气设备设置和使用不当所造成的，例如：将功率较大电气设备安装可燃物附近，在易燃易爆的车间内使用非防爆型的电动机、灯具、开关等	加强维修、保养等措施
吸烟引起的火灾	烟蒂和点燃烟后未熄灭的火柴梗温度可达到 800 ℃，能引起许多可燃物质燃烧	加强管理

表 1-3（续）

类型	原　　因	措施
生活用火引起的火灾	生活用火不慎主要是指城乡居民家庭生活用火不慎，例如：炊事用火中炊事器具设置不当，安装不符合要求，在炉灶的使用中违反安全技术要求等引起火灾；家中烧香祭祀过程中无人看管，造成香灰散落引发火灾等	提高火灾安全意识
生产作业类火灾	生产作业不慎主要是指违反生产安全制度引起火灾。例如：在易燃易爆的车间内动用明火，引起爆炸起火；将性质相抵触的物品混存在一起，引起燃烧爆炸；施工现场动火却未采取有效的防火措施；机器摩擦发热，引起附着物起火；化工设备失修，易燃、可燃液体跑、冒、滴、漏现象，遇到明火燃烧或爆炸等	加强制度管理
设备故障引起的火灾	在生产或生活中，一些设施设备疏于维护保养，导致在使用过程中无法正常运行，因摩擦、过载、短路等原因造成局部过热，从而引发火灾。例如：一些电子设备长期处于工作或通电状态下，因散热不力，最终过热导致内部故障而引发火灾	加强管理，及时保养、检查
玩火引起的火灾	未成年儿童因缺乏看管，玩火取乐，是造成火灾发生常见的原因之一。此外，每逢节日庆典，很多人燃放烟花爆竹，被点燃的烟花爆竹本身即是火源，稍有不慎，就易引发火灾还会造成人员伤亡。我国每年春节期间火灾频繁，其中有 70%~80% 是由燃放烟花爆竹所引起的	加强管理
放火引起的火灾	放火主要是指采用人为放火的方式引起的火灾。一般是当事人以放火为手段达到某种目的。这类火灾为当事人故意为之，通常经过一定的策划准备，因而往往缺乏初期救助，火灾发展迅速，后果严重	加强管理
雷击引起的火灾	雷电导致火灾的原因，大体上有三类：一是雷电直接击在建筑物上发生热效应、机械效应作用等，二是雷电产生静电感应作用和电磁感应作用，三是高电位雷电波沿着电气线路或金属管道系统侵入建筑物内部	设置可靠的防雷保护设施

需要指出的是：近年来，电气火灾一直居于建筑火灾的首位。

二、燃烧条件

（一）起火的三要素

燃烧的发生必须具备三个必要条件，即可燃物、助燃物（氧化剂）和引火源（温度）。

1. 可燃物

可燃物按其化学组成，分为无机可燃物和有机可燃物两大类；按其所处的状态，又可分为可燃固体、可燃液体和可燃气体三大类。

2. 助燃物（氧化剂）

助燃物主要是指广泛存在于空气中的氧气。当然，还有其他一些助燃的物质，如一些金属在氯气中也会燃烧，氯气也是一种助燃物。

3. 引火源

常见的引火源有：①明火；②电弧、电火花；③雷击；④高温；⑤自燃引火源等。

注意：自燃引火源是指在既无明火又无外来热源的情况下，物质本身自行发热、燃烧起火，如白磷、烷基铝在空气中会自行起火；钾、钠等金属遇水着火；易燃、可燃物质与氧化剂、过氧化物接触起火等。

（二）燃烧持续发展的要素

链式反应自由基，是一种高度活泼的化学基团，能与其他自由基和分子起反应，从而使燃烧按链式反应的形式扩展，也称游离基。

因此，完整地论述，大部分燃烧发生和发展需要"3+1"个必要条件，即可燃物、助燃物（氧化剂）、引火源（温度）和链式反应自由基。

三、建筑火灾的发展蔓延

（一）建筑火灾蔓延的传热基础

1. 热传导

热传导又称导热，属于接触传热，是连续介质就地传递热量而又没有各部分之间相对的宏观位移的一种传热方式。

2. 热对流

热对流又称对流，是指流体各部分之间发生相对位移，冷热流体相互掺混引起热量传递的方式。所以热对流中热量的传递与流体流动有密切的关系。

3. 热辐射

辐射是物体通过电磁波来传递能量的方式。热辐射是因热的原因而发出辐射能的现象。辐射换热是物体间以辐射的方式进行的热量传递。

在建筑火灾的初期阶段，热对流是主要的传热方式，热传导处于次要地位。对于火灾轰燃的发生，热辐射发挥着重要作用。

（二）建筑火灾的烟气蔓延

1. 烟气流动的驱动力

（1）烟囱效应。

（2）火风压。

（3）外界风的作用。

2. 烟气蔓延的途径

（1）孔洞开口蔓延。

（2）穿越墙壁的管线和缝隙蔓延。

（3）闷顶内蔓延。

（4）外墙面蔓延。

烟气蔓延的途径机理是合理划分防火分区、科学设置防火分隔物的基础。

（三）建筑火灾发展阶段

建筑火灾发展阶段有三个，即初期增长阶段、充分发展阶段和衰减阶段，如图 1-1 所示。

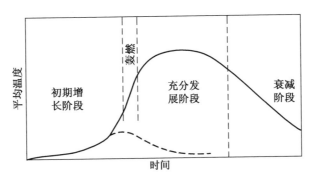

图 1-1 建筑室内火灾温度-时间曲线

建筑火灾发展各个阶段的特点是进行建筑消防设计的依据，也是进行"性能化"防火设计中设计火灾场景的依据。

在设计火灾场景中，主要是对初期增长阶段的发展模型进行量化，如 t^2 模型。

1. 初期增长阶段

初期增长阶段从出现明火起，此阶段燃烧面积较小，只局限于着火点处的可燃物燃烧，局部温度较高，室内各点的温度不平衡，其燃烧状况与敞开环境中的燃烧状况差不多。由于可燃物性能、分布和通风、散热等条件的影响，燃烧的发展大多比较缓慢，有可能形成火灾，也有可能中途自行熄灭（图 1-1 中虚线），燃烧发展不稳定。火灾初期增长阶段持续时间的长短不定。

火灾的初期增长阶段是防火、灭火的最佳时机。

2. 充分发展阶段

在建筑室内火灾持续燃烧一定时间后，燃烧范围不断扩大，温度升高，室内

9

的可燃物在高温的作用下，不断分解释放出可燃气体，当房间内温度达到 400~600 ℃时，室内绝大部分可燃物起火燃烧，这种在一限定空间内可燃物的表面全部卷入燃烧的瞬变状态，称为轰燃。轰燃的出现是燃烧释放的热量在室内逐渐累积与对外散热共同作用、燃烧速率急剧增大的结果。通常，轰燃的发生标志着室内火灾进入充分发展阶段。

轰燃发生后，室内可燃物全面燃烧，可燃物热释放速率很大，室温急剧上升，并出现持续高温，温度可达 800~1000 ℃。之后，火焰和高温烟气在火风压的作用下，会从房间的门、窗、孔洞等处大量涌出，沿走廊、吊顶迅速向水平方向蔓延扩散。同时，由于烟囱效应的作用，火势会通过竖向管井、共享空间等向上蔓延。

轰燃发生后，火场的温度、猛烈度都很高，人员安全疏散变得十分困难。

3. 衰减阶段

在火灾充分发展阶段的后期，随着室内可燃物数量的减少，火灾燃烧速度减慢，燃烧强度减弱，温度逐渐下降，一般认为火灾衰减阶段是从室内平均温度降到其峰值的 80% 时算起。随后房间内温度下降显著，直到室内外温度达到平衡为止，火灾完全熄灭。

衰减阶段，应该防止建筑倒塌给人员带来的威胁。

四、消防技术的基本原理

(一) 火灾种类

按照燃烧对象的性质，火灾可分为 6 类，见表 1-4。

表 1-4　按照燃烧对象的性质分类

分类	物质性质	举例
A 类火灾	固体物质火灾	这种物质通常具有有机物性质，一般在燃烧时能产生灼热的余烬。例如，木材、棉、毛、麻、纸张火灾等
B 类火灾	液体或可熔化固体物质火灾	例如，汽油、煤油、原油、甲醇、乙醇、沥青、石蜡等火灾
C 类火灾	气体火灾	例如，煤气、天然气、甲烷、乙烷、氢气、乙炔等火灾
D 类火灾	金属火灾	例如，钾、钠、镁、钛、锆、锂等火灾
E 类火灾	带电火灾	物体带电燃烧的火灾。例如，变压器等设备的电气火灾等
F 类火灾	动物油脂或植物油脂火灾	烹饪器具内的烹饪物（如动物油脂或植物油脂）火灾

（二）防火的基本原理

防火工作主要控制的对象是燃烧三要素，即控制这三要素同时出现的条件。

1. 控制可燃物

我们无法完全消除可燃物，只能对可燃物进行控制。

（1）可燃物控制的目标：将可燃物的数量和存在位置控制在一定的范围内。

（2）控制的重点是易燃易爆物质。

控制的效果越好，发生火灾的可能性就越小，造成人员生命、财产损失的后果严重性就越低，火灾风险也就越小。

2. 控制助燃剂

（1）将容易自燃、易与氧气发生反应的物质隔绝空气储存。例如：将金属钠储存在煤油或液体石蜡中，将白磷储存于水里等。

（2）将特殊生产工艺在密闭设备内进行（工艺温度可能大于燃点）。例如：洗涤剂厂房石蜡裂解部位，冰醋酸裂解厂房等（甲类7项）。

（3）管理好可作为助燃剂的强氧化剂。例如：过氧化钠、高氯酸钠、硝酸钾、高锰酸钾等。一些氧化性物质的分子中含有过氧基或高价态元素，极不稳定，容易分解，氧化性很强，是强氧化剂，能引起物质的燃烧或爆炸。

3. 控制火源

火源与人们的生产、生活等活动密切相关，也是人们最容易控制的要素，因此这也是火灾控制的首要任务。在燃烧三要素之中，受人的主观能动性影响最大的是火源。例如：控制吸烟、控制静电等。

（三）灭火的基本原理

1. 冷却灭火

主要是将可燃物的温度降到着火点以下燃烧即会停止。

2. 隔离灭火

主要是将可燃物与氧气、火焰隔离，就可以中止燃烧、扑灭火灾。

3. 窒息灭火

主要是降低空间的氧浓度，从而达到窒息灭火。此外，当空气中水蒸气浓度达到35%时，燃烧即停止，这也是窒息灭火的应用。

4. 化学抑制灭火

主要是有效地抑制自由基的产生或降低火焰中的自由基浓度，即可使燃烧中止。化学抑制灭火的灭火剂常见的有干粉和七氟丙烷。

第三节　建筑消防技术措施

一、建筑防火技术措施

建筑防火技术措施见表1-5。

表1-5　建筑防火技术措施

建筑防火基本原理	建筑防火技术方法	特别说明
总平面布局和平面布置	(1) 周围环境、地势条件、主导风向。 (2) 防火间距。 (3) 消防车道、消防车登高操作场地、灭火救援窗。 (4) 特殊使用性质所在楼层有特殊要求	建筑的总平面布置应满足城市规划和消防安全的要求
建筑结构防火	(1) 建筑物耐火等级的确定。 (2) 提高建筑构件的耐火性能（燃烧性能+耐火极限）	应掌握提高耐火极限的方法
建筑材料防火	(1) 有效控制建筑材料的燃烧性能是确保人员生命安全的基础。 (2) 建筑材料防火遵循的原则： 控制建筑材料中可燃物数量，对材料进行阻燃处理；与电气线路或发热物体接触的材料应采用不燃材料或进行阻燃处理	楼梯间、管道井等竖向通道和供人员疏散的走道内应当采用不燃材料
防火分区分隔	(1) 水平防火分区：利用防火隔墙、防火卷帘、防火门及防火水幕等分隔物在同一平面划分。 (2) 竖向防火分区：采用防火挑檐、设置窗槛（间）墙等技术手段，对建筑内部设置的敞开楼梯、自动扶梯、中庭以及管道井等采取防火分隔措施等	应当掌握建筑构件的耐火极限及燃烧性能要求
安全疏散	建筑安全疏散技术的重点是安全出口、疏散出口以及安全疏散通道的数量、宽度、位置和疏散距离	应当掌握可以设一个安全出口的条件
防烟和排烟	(1) 划分防烟分区：是为了在火灾初期阶段将烟气控制在一定范围内，提高排烟效率。 (2) 设置防烟和排烟系统： 防烟系统是指采用机械加压送风方式或自然通风方式，防止烟气进入疏散通道、防烟楼梯间及其前室或消防电梯前室的系统	防烟、排烟是烟气控制的两个方面，是一个有机的整体，在建筑防火设计中，应合理设计防烟排烟系统

表 1-5 （续）

建筑防火基本原理	建筑防火技术方法	特别说明
建筑防爆和电气防火	（1）建筑防爆： 应根据爆炸规律与爆炸效应，对有爆炸可能的建筑提出相应的防止爆炸危险区域、合理设计防爆结构和泄压面积、准确选用防爆设备。 （2）电气防火： 对建筑的用电负荷、供配电源、电气设备、电气线路及其安装敷设等应当采取安全可靠、经济合理的防火技术措施	应当掌握泄压面积的计算方法。 应当掌握防爆主动技术措施与被动技术措施两者之间的区别与联系

二、灭火技术措施

现代建筑消防设施种类多、功能全，使用普遍。按其使用功能不同进行划分，常用的消防建筑设施可分为以下 13 类。

（一）消防给水与室内外消火栓系统

1. 消防给水设施

消防给水设施是建筑消防给水系统的重要组成部分，其主要功能是为建筑消防给水系统储供足够的消防水量和水压，确保消防给水系统的供水安全。消防给水设施通常包括消防供水管防水池、消防水箱、消防水泵、消防稳（增）压设备、消防水泵接合器等。

2. 室外消火栓

室外消火栓主要分为市政消火栓和建筑室外消火栓，市政消火栓按一定间距沿道路设置。保护半径不应超过 150 m，间距不应大于 20 m。

建筑室外消火栓需根据建筑室外消火栓设计流量、保护半径计算确定。

3. 室内消火栓

室内消火栓是建筑中最基本的灭火系统，对其设置场所可通过理解来掌握，只有面积小、人员少的场所才可不设室内消火栓。

（二）防烟和排烟设施

建筑的防烟设施分为机械加压送风的防烟设施和可开启外窗的自然排烟设施。建筑的排烟为机械排烟设施和可开启外窗的自然排烟设施。建筑机械防烟和排烟设施是由送风管道、管井、阀门开关设备、送排风机等设备组成的。

（三）自动喷水灭火系统

自动喷水灭火系统是由洒水喷头、报警阀组、水流报警装置（水流指示器、压力开关）、给水管道、供水设施组成的，能在火灾发生时作出响应并实施喷水的自动灭火系统。

自动喷水灭火系统依照喷头分为两类：采用闭式洒水喷头的为闭式系统，包括湿式系统、干式系统、预作用系统等；采用开式洒水喷头的为开式系统，包括雨淋系统、水幕系统等。

（四）水喷雾灭火系统

水喷雾灭火系统是利用专门设计的水雾喷头，在水雾喷头的工作压力下将水流分解成粒径不超过 1 mm 的细小水滴进行灭火或防护冷却的一种固定灭火系统。其主要灭火机理为表面冷却、窒息和稀释作用，具有较高的电绝缘性能和良好的灭火性能。

水喷雾灭火系统按启动方式可分为电动启动和传动管启动两种类型，按应用方式可分为固定式水喷雾灭火系统、自动喷水-水喷雾混合配置系统、泡沫水喷雾联用系统三种类型。

（五）细水雾灭火系统

细水雾灭火系统是由供水装置、过滤装置、控制阀、细水雾喷头等组件和供水管道组成的，能自动和人工启动并喷放细水雾进行灭火或控火的固定灭火系统。该系统的灭火机理主要是表面冷却、窒息、辐射热阻隔和浸湿以及乳化作用，在灭火过程中，几种作用往往同时发生，从而实现有效灭火。

细水雾灭火系统按工作压力可分为低压系统、中压系统和高压系统，按应用方式可分为全淹没系统和局部应用系统，按动作方式可分为开式系统和闭式系统，按雾化介质可分为单流体系统和双流体系统，按供水方式可分为泵组式系统、瓶组式系统、瓶组与泵组结合式系统。

（六）泡沫灭火系统

泡沫灭火系统由消防泵、泡沫储罐、比例混合器、泡沫产生装置、阀门及管道、电气控制装置组成。

泡沫灭火系统按泡沫液发泡倍数的不同可分为低倍数泡沫灭火系统、中倍数泡沫灭火系统及高倍数泡沫灭火系统，按设备安装使用方式可分为固定式泡沫灭火系统、半固定式泡沫灭火系统和移动式泡沫灭火系统。

（七）气体灭火系统

气体灭火系统是指平时灭火剂以液体、液化气体或气体状态存储于压力容器内，灭火时以气体（包括蒸气、气雾）状态喷射灭火介质的灭火系统。该系统能在防护区空间内形成各方向均一的气体浓度，而且至少能保持该灭火浓度达到规范规定的浸渍时间，实现扑灭该防护区的空间、立体火灾。

气体灭火系统按其结构特点可分为管网灭火系统和无管网灭火装置，按防护区的特征和灭火方式可分为全淹没灭火系统和局部应用灭火系统；按一套灭火剂储存装置保护的防护区的多少，可分为单元独立系统和组合分配系统。

（八）干粉灭火系统

干粉灭火系统由启动装置、氮气瓶组、减压阀、干粉罐、干粉喷头、干粉枪、干粉炮、电控柜、阀门和管系等零部件组成，一般为火灾自动探测系统与干粉灭火系统联动。

干粉灭火系统氮气瓶组内的高压氮气经减压阀减压后进入干粉罐，其中一部分氮气被送到干粉罐的底部，起到松散干粉灭火剂的作用。随着罐内压力的升高，部分干粉灭火剂随氮气进入出粉管，并被送到干粉固定喷嘴或干粉枪、干粉炮的出口阀门处，当干粉固定喷嘴或干粉枪、干粉炮出口阀门处的压力达到一定值后，阀门打开（或者定压爆破膜片自动爆破），压力能迅速转化为速度能，高速的气粉流便从固定喷嘴或干粉枪、干粉炮的喷嘴中喷出，射向火源，切割火焰，破坏燃烧链，起到迅速扑灭或抑制火灾的作用。

（九）可燃气体报警系统

可燃气体报警系统即可燃气体泄漏检测报警成套装置。当系统检测到泄漏可燃气体浓度达到报警器设置的爆炸临界点时，可燃气体报警器就会发出报警信号，提醒及时采取安全措施，防止发生气体大量泄漏以及爆炸、火灾、中毒等事故。

报警器按照使用环境可以分为工业用气体报警器和家用燃气报警器，按自身形态可分为固定式可燃气体报警器和便携式可燃气体报警器，按工作原理可以分为传感器式报警器、红外线探测报警器和高能量回收报警器。

（十）消防供配电设施

消防供配电设施是建筑电力系统的重要组成部分，消防供配电系统主要包括消防电源、消防配电装置、线路等。消防配电装置是从消防电源到消防用电设备的中间环节。

（十一）火灾自动报警系统

火灾自动报警系统由火灾探测触发装置、火灾报警装置、火灾警报装置以及其他辅助装置组成。此系统能在火灾初期将燃烧产生的烟雾、热量、火焰等物理量，通过火灾探测器变成电信号，传输到火灾报警控制器，并同时显示出火灾发生的部位、时间等，使人们能够及时发现并采取有效措施。

火灾自动报警系统按应用范围可分为区域报警系统、集中报警系统和控制中心报警系统三类。

（十二）消防通信设施

消防通信设施是指专门用于消防检查、演练、火灾报警、接警、安全疏散、消防力量调度以及与医疗、消防等防灾部门之间进行联络的系统设施。其主要包括火灾事故广播系统、消防专用电话系统、消防电话插孔及无线通信设备等。

（十三）移动式灭火器材

移动式灭火器材是相对于固定式灭火器材而言的，即可以人为移动的各类灭火器具，如灭火器、灭火毯、消防梯、消防钩、消防斧、安全锤、消防桶等。

除此以外，一些其他的器材和工具在火灾等不利情况下，也能够起到灭火和辅助逃生等作用，如防毒面具、消防手电、消防绳、消防沙、蓄水缸等。

第二章 建筑防火设计审查

第一节 建筑类别和耐火等级

建筑类别和耐火等级的审查应依据《建筑设计防火规范》（GB 50016—2014，2018 年版），该标准简称为《建规》。

一、工业建筑

（一）重点内容

工业建筑主要包括厂房和仓库。工业建筑类别和耐火等级审查要点见表2-1。

表2-1 工业建筑类别和耐火等级审查要点

类别	重点内容及审查要点	对应规范条目
厂房	火灾危险性类别判定： 厂房（生产）分为甲、乙、丙、丁、戊类。 厂房火灾危险性类别的正确判定，是采用合理耐火等级和消防技术措施的基础	应掌握各类危险性特征，见《建规》3.1.1 及附录列表。 （1）甲类的火灾危险性特征（7项）。 （2）乙类的火灾危险性特征（6项）。 （3）丙类的火灾危险性特征（2项）。 （4）丁类的火灾危险性特征（3项）。 （5）戊类的火灾危险性特征（1项）
	耐火等级： 高层厂房，甲、乙类厂房的耐火等级不应低于二级，建筑面积不大于300 m²的独立甲、乙类单层厂房可采用三级耐火等级的建筑	（1）应掌握典型厂房耐火等级要求，见《建规》3.2.1~3.2.6。 （2）不同耐火等级厂房构件耐火极限要求见《建规》3.2.9~3.2.19
	层数： （1）甲类除生产必须采用多层者外，宜采用单层。 （2）甲、乙类生产场所不应设置在地下或半地下	应掌握典型厂房层数要求，详见《建规》表3.3.1

表 2-1（续）

类别	重点内容及审查要点	对应规范条目
仓库	火灾危险性类别判定： 仓库与厂房（生产）的分类基本一致。 （1）除去甲类厂房的第 7 项，甲类仓库与甲类厂房分类依据完全一致。 （2）乙类仓库中第 6 项"常温下与空气接触能缓慢氧化，积热不散引起自燃的物品"，与乙类厂房中第 6 项"能与空气形成爆炸性混合物的浮游状态的粉尘、纤维、闪点不小于 60 ℃的液体雾滴"不同	应掌握各类危险性特征，详见《建规》3.1.3 及附录列表。 （1）甲类的火灾危险性特征（6 项）。 （2）乙类的火灾危险性特征（6 项）。 （3）丙类的火灾危险性特征（2 项）。 （4）丁类的火灾危险性特征（1 项）。 （5）戊类的火灾危险性特征（1 项）
	耐火等级： 高架仓库、高层仓库、甲类仓库、多层乙类仓库和储存可燃液体的多层丙类仓库，其耐火等级不应低于二级	（1）应掌握典型仓库耐火等级要求，详见《建规》3.2.7~3.2.8。 （2）不同耐火等级仓库构件耐火极限要求见《建规》3.2.9~3.2.19
	层数： （1）甲类仓库只允许是单层。 （2）甲、乙类仓库不应设置在地下或半地下	应掌握典型仓库层数要求，详见《建规》表 3.3.2

（二）难点剖析

1. 甲、乙、丙类厂房的火灾危险性特征

1）甲类的火灾危险性特征（7 项）

（1）甲类第 1 项、第 2 项的火灾危险性特征。甲类第 1 项、第 2 项的火灾危险性的划分是根据"甲、乙、丙类液体划分的闪点基准"和"气体爆炸下限分类的基准"的标准来划分的。

（2）甲类第 3 项的火灾危险性特征。其生产特性是生产中的物质在常温下可以逐渐分解，释放出大量的可燃气体并且迅速放热引起燃烧，或者物质与空气接触后能发生猛烈的氧化作用，同时放出大量的热。如硝化棉、赛璐珞、黄磷等的生产。

（3）甲类第 4 项的火灾危险性特征。其生产特性是生产中的物质遇水或空气中的水蒸气发生剧烈的反应，产生氢气或其他可燃气体，同时产生热量引起燃烧或爆炸。该种物质遇酸或氧化剂也能发生剧烈反应，发生燃烧爆炸的危险性比遇水或水蒸气时更大。如金属钾、金属钠、氧化钠、氢化钙、碳化钙、磷化钙等的生产。

（4）甲类第 5 项的火灾危险性特征。其生产特性是生产中的物质有较强的夺取电子的能力，即强氧化性。该类物质受酸、碱、热、撞击、摩擦、催化或与易燃品、还原剂等接触后能迅速分解，极易发生燃烧或爆炸。如氯酸钠、氯酸钾、过氧化氢、过氧化钠等的生产。

（5）甲类第6项的火灾危险性特征。其生产特性是生产中的物质燃点较低、易燃烧，受热、撞击、摩擦或与氧化剂接触能引起剧烈燃烧或爆炸，燃烧速度快，燃烧产物毒性大。如赤磷、三硫化磷等的生产。

（6）甲类第7项的火灾危险性特征。其生产特性是生产中操作温度较高，物质可能被加热到自燃温度以上。此类生产必须是在密闭设备内进行，因设备内没有助燃气体，所以设备内的物质不能燃烧。但是，一旦设备或管道泄漏，若有其他的火源，该物质就会在空气中立即起火燃烧。如洗涤剂厂房石蜡裂解部位，冰醋酸裂解厂房等。

2）乙类的火灾危险性特征（6项）

（1）乙类第1项、第2项的火灾危险性特征。乙类第1项、第2项的火灾危险性特征的划分是根据"甲、乙、丙类液体划分的闪点基准"和"气体爆炸下限分类的基准"的标准来划分的。

（2）乙类第3项的火灾危险性特征。是指不属于甲类的氧化剂，为二级氧化剂，即非强氧化剂。这类物质的生产特性比甲类第5项的生产特性稳定些，其遇热、还原剂、酸、碱等也能分解产生高热，遇其他氧化剂也能分解发生燃烧甚至爆炸。如过二硫酸钠、高碘酸、重铬酸钠、过醋酸等的生产。

（3）乙类第4项的火灾危险性特征。其生产特性是生产中的物质燃点较低、较易燃烧或爆炸，燃烧性能比甲类易燃固体差，燃烧速度较慢，同时也可放出有毒气体。如硫黄、樟脑或松香等的生产。

（4）乙类第5项的火灾危险性特征。其生产特性是生产中的助燃气体。虽然本身不能燃烧（如氧气），在有火源的情况下，如遇可燃物会加速燃烧，甚至有些含碳的难燃或不燃固体也会迅速燃烧。

（5）乙类第6项的火灾危险性特征。其生产特性是生产中可燃物质的粉尘、纤维、雾滴悬浮在空气中与空气混合，当达到一定浓度时，遇火源立即引起爆炸。这些细小的物质表面吸附包围了氧气，当温度提高时，便加速了它的氧化反应，反应中放出的热促使其燃烧。这些细小的可燃物质与原块状固体或较大量的液体相比具有较低的自燃点，在适当的条件下，着火后以爆炸的速度燃烧。

注意：可燃液体的雾滴可以引起爆炸。日本某水力发电厂的建筑物内曾发生过猛烈的雾状油爆炸事故，造成了严重的人员伤亡和财产损失。

3）丙类的火灾危险性特征（2项）

（1）丙类第 1 项的火灾危险性特征。丙类液体的火灾危险性特征参见"甲、乙、丙类液体划分的闪点基准"的有关内容。

（2）丙类第 2 项的火灾危险性特征。其生产特性是生产中的物质燃点较高，在空气中受到火烧或高温作用时能够起火或微燃，当火源移走后仍能持续燃烧或微燃。如木料、橡胶、棉花加工等类型的生产。

2. 储存物品的火灾危险性特征

1）甲类的火灾危险性特征（6 项）

甲类物品主要是依据《危险货物运输规则》中一级易燃固体、一级易燃液体、一级氧化剂、一级自燃物品、一级遇水燃烧物品和可燃气体的特性划分的。

2）乙类的火灾危险性特征（6 项）

乙类物品主要是根据《危险货物运输规则》中二级易燃固体、二级易燃液体、二级氧化剂、助燃气体、二级自燃物品的特性划分的，这类物品的火灾危险性仅次于甲类。

乙类仓库中第 6 项"常温下与空气接触能缓慢氧化，积热不散引起自燃的物品"，与乙类厂房中第 6 项"能与空气形成爆炸性混合物的浮游状态的粉尘、纤维、闪点不小于 60 ℃的液体雾滴"不同。

3）丙类的火灾危险性特征（2 项）

丙类的火灾危险性特征同丙类厂房。

4）丁类的火灾危险性特征（1 项）

丁类的火灾危险性特征同丁类厂房。指难燃烧物品。这类物品的特性是在空气中受到火烧或高温作用时，难起火、难燃或微燃，将火源拿走，燃烧即可停止。

5）戊类的火灾危险性特征（1 项）

戊类的火灾危险性特征同戊类厂房。指不燃物品。这类物品的特性是在空气中受到火烧或高温作用时，不起火、不微燃、不炭化。

3. 可不按危险物质火灾危险特性确定生产火灾危险性类别的最大允许量

在生产过程中虽然使用或产生易燃、可燃物质，但是数量很少，当气体全部放出，气体也不能在整个厂房内达到爆炸极限，或者即使可燃液体全部燃烧也不能使建筑物起火造成灾害，此时可以按实际情况确定其火灾危险性的类别。

如机械修配厂或修理车间，虽然使用少量的汽油等甲类溶剂清洗零件，但不会因此而产生爆炸，所以该厂房不能按甲类厂房处理，仍应按戊类考虑。

《建规》3.1 条文说明中表 2 列出了部分生产中常见的甲、乙类危险品的最大允许量。

4. 应当按实际情况确定火灾危险性类别的情况

（1）同一座厂房（仓库）的任一防火分区内有不同火灾危险性生产时，其生产火灾危险性类别应按火灾危险性较大的部分确定。

（2）当生产过程中使用或产生易燃、可燃物的量较少，不足以构成爆炸或火灾危险时，可按实际情况确定。

当符合下述条件之一时，可按火灾危险性较小的部分确定：

① 火灾危险性较大的生产部分占本层或本防火分区建筑面积的比例小于5%或丁、戊类厂房内的油漆工段小于10%，且发生火灾事故时不足以蔓延至其他部位或火灾危险性较大的生产部分采取了有效的防火措施。

② 丁、戊类厂房内的油漆工段，当采用封闭喷漆工艺，封闭喷漆空间内保持负压、油漆工段设置可燃气体探测报警系统或自动抑爆系统，且油漆工段占所在防火分区建筑面积的比例不大于20%。

（3）含包装材料的丁、戊类物品危险性的判定。这两类物品仓库，除考虑物品本身的燃烧性能外，还要考虑可燃包装材料的数量，当可燃包装材料重量超过丁、戊类物品本身重量的1/4时，或可燃包装（如泡沫塑料等）的体积大于物品本身体积的1/2时，这类物品仓库的火灾危险性应为丙类。

5. 物流建筑的火灾危险性判定（《建规》3.3.10）

（1）当建筑功能以分拣、加工等作业为主时，应按《建规》有关厂房的规定确定，其中仓储部分应按中间仓库确定。

（2）当建筑功能以仓储为主或建筑难以区分主要功能时，应按《建规》有关仓库的规定确定，但当分拣等作业区采用防火墙与储存区完全分隔时，作业区和储存区的防火要求可分别按《建规》有关厂房和仓库的规定确定。

6. 同一种物质，生产和储存火灾危险性类别关系

（1）同一种物质，生产和储存火灾危险性不同。例如：漆布、桐油织物生产属于丙类厂房，储存仓库却属于乙类仓库；面粉厂的碾磨车间生产属于乙类火灾危险性，储存面粉仓库却（装袋）属于丙类仓库。植物油加工厂的浸出厂房（车间）为甲类；植物油加工厂的精炼部位为丙类。

（2）同一种物质，生产和储存火灾危险性相同。例如：铝粉、煤粉生产和储存（成堆，不装袋）均为乙类。

7. 厂房和仓库建筑构件的耐火极限特殊要求

（1）甲、乙类厂房和甲、乙、丙类仓库内的防火墙，其耐火极限不应低于4.00 h。

（2）一、二级耐火等级单层厂房（仓库）的柱，其耐火极限分别不应低于

2.50 h 和 2.00 h。

（3）采用自动喷水灭火系统全保护的一级耐火等级单、多层厂房（仓库）的屋顶承重构件，其耐火极限不应低于1.00 h。

二、民用建筑

（一）重点内容

民用建筑主要包括公共建筑和住宅。民用建筑根据其建筑高度和层数可分为单、多层民用建筑。高层建筑根据其建筑高度、使用功能和楼层的建筑面积可分为一类和二类。

民用建筑类别和耐火等级审查要点见表2-2。

表2-2　民用建筑类别和耐火等级审查要点

类别	重点内容及审查要点	对应规范条目
公共建筑	类别判定： （1）一类高层公共建筑： ① 建筑高度>50 m 的公共建筑。 ② 建筑高度>24 m 以上部分任一楼层建筑面积大于1000 m² 的商店、展览、电信、邮政、财贸金融建筑及其他多种功能组合的建筑（不包括住宅与公共建筑组合建造的情况）。 ③ 医疗建筑、重要公共建筑、独立建造的老年人照料设施。 ④ 省级及以上的广播电视和防灾指挥调度建筑、网局级和省级电力调度。 ⑤ 藏书超过100万册的图书馆、书库。 （2）二类高层公共建筑： 除一类高层公共建筑外的其他高层公共建筑	（1）应该掌握公共建筑的分类，详见《建规》5.1.1 及附录。 （2）除《建规》另有规定外，宿舍、公寓等非住宅类居住建筑的防火要求，应符合《建规》有关公共建筑的规定。 （3）除《建规》另有规定外，裙房的防火要求应符合《建规》有关高层民用建筑的规定
	耐火等级： （1）地下或半地下建筑（室）和一类高层建筑的耐火等级不应低于一级。 （2）单、多层重要公共建筑、二类高层建筑的耐火等级不应低于二级	（1）应掌握典型公共建筑耐火等级要求，详见《建规》5.1.3。 （2）不同耐火等级构件耐火极限要求见《建规》5.1.4~5.1.9
	层数： （1）民用建筑采用三级耐火等级建筑时，最多为5层；采用四级耐火等级建筑时，最多为2层。	（1）民用建筑层数要求见《建规》5.4.3。 （2）应掌握典型公共建筑层数要求，详见《建规》5.4.3~5.4.6

表2-2（续）

类别	重点内容及审查要点	对应规范条目
公共建筑	（2）商店建筑、展览建筑、医院和疗养院的住院部、教学建筑、食堂、菜市场、剧场、电影院、礼堂采用三级耐火等级建筑时，不应超过2层；采用四级耐火等级建筑时，应为单层。 （3）营业厅、展览厅设置在三级耐火等级的建筑内时，应布置在首层或二层；设置在四级耐火等级的建筑内时，应布置在首层。 营业厅、展览厅不应设置在地下三层及以下楼层。地下或半地下营业厅、展览厅不应经营、储存和展示甲、乙类火灾危险性物品。 （4）托儿所、幼儿园的儿童用房，儿童游乐厅等儿童活动场所宜设置在独立的建筑内，且不应设置在地下或半地下；当采用一、二级耐火等级的建筑时，不应超过3层；采用三级耐火等级的建筑时，不应超过2层；采用四级耐火等级的建筑时，应为单层	（1）民用建筑层数要求见《建规》5.4.3。 （2）应掌握典型公共建筑层数要求，详见《建规》5.4.3~5.4.6
住宅建筑	类别判定： （1）一类高层住宅： 建筑高度>54 m的住宅建筑（包括设置商业服务网点的住宅建筑）。 （2）二类高层住宅： 建筑高度>27 m，但≤54 m的住宅建筑（包括设置商业服务网点的住宅建筑）	（1）应该掌握住宅的分类，详见《建规》5.1.1及附录。 （2）除《建规》另有规定外，宿舍、公寓等非住宅类居住建筑的防火要求，应符合《建规》有关公共建筑的规定
	耐火等级： （1）地下或半地下建筑（室）和一类高层建筑的耐火等级不应低于一级。 （2）单、多层重要公共建筑、二类高层建筑的耐火等级不应低于二级	（1）应掌握典型住宅耐火等级要求，详见《建规》3.2.7~3.2.8。 （2）住宅建筑构件的耐火极限和燃烧性能可按《住宅建筑规范》（GB 50368—2015）的规定执行
	层数： 民用建筑采用三级耐火等级建筑时，最多为5层；采用四级耐火等级建筑时，最多为2层	民用建筑层数要求见《建规》5.4.3

(二) 难点剖析

1. 一类高层公共建筑分类的特别注意事项

一类高层公共建筑的分类中，第 2 项为建筑高度＞24 m 以上部分任一楼层建筑面积大于 1000 m² 的商店、展览、电信、邮政、财贸金融建筑和其他多种功能组合的建筑。

注意：此类不包括住宅与公共建筑组合建造的情况。

2. 商业服务网点的具体要求

1）面积要求

设置在住宅建筑的首层或首层及二层，每个分隔单元建筑面积不大于 300 m² 的商店、邮政所、储蓄所、理发店等小型营业性用房。

"建筑面积"是指设置在住宅建筑首层或首层及二层，且相互完全分隔后的每个小型商业用房的总建筑面积。例如，一个有两层上、下层商业用房直接相通的商业服务网点，该"建筑面积"为该商业服务网点首层和二层商业用房的建筑面积之和。

商业服务网点包括百货店、副食店、粮店、邮政所、储蓄所、理发店、洗衣店、药店、洗车店、餐饮店等小型营业性用房。

注意：若不符合商业网点面积的要求，那么，该建筑就不属于住宅类，而是属于公共建筑。

2）防火分隔要求

商业服务网点中每个分隔单元之间应采用耐火极限不低于 2.00 h 且无门、窗、洞口的防火隔墙相互分隔。

3. 民用建筑构件耐火极限的特殊要求

（1）建筑高度大于 100 m 的民用建筑，其楼板的耐火极限不应低于 2.00 h。

（2）二级耐火等级建筑内采用不燃材料的吊顶，其耐火极限不限。

（3）三级耐火等级的医疗建筑、中小学校的教学建筑、老年人照料设施及托儿所、幼儿园的儿童用房和儿童游乐厅等儿童活动场所的吊顶，应采用不燃材料；当采用难燃材料时，其耐火极限不应低于 0.25 h。

4. 工业与民用建筑耐火极限的相同要求

（1）一、二级耐火等级的民用建筑、厂房（仓库）的上人平屋顶，其屋面板的耐火极限分别不应低于 1.50 h 和 1.00 h。

（2）建筑中的非承重外墙、房间隔墙和屋面板，当确需采用金属夹芯板材时，其芯材应为不燃材料，且耐火极限应符合《建规》有关规定。

5. 几个重要概念

1）高层建筑

高层建筑是指建筑高度大于 27 m 的住宅建筑和建筑高度大于 24 m 的非单层厂房、仓库和其他民用建筑。

2）超高层建筑

我国对建筑高度超过 100 m 的高层建筑，称为超高层建筑。

3）裙房

裙房是指在高层建筑主体投影范围外，与建筑主体相连且建筑高度不大于 24 m 的附属建筑。

4）重要公共建筑

重要公共建筑是指发生火灾可能造成重大人员伤亡、财产损失和严重社会影响的公共建筑。一般包括：党政机关办公楼，人员密集的大型公共建筑或集会场所，中小学校教学楼、宿舍楼，重要的通信、调度和指挥建筑，广播电视建筑，医院等以及城市集中供水设施、主要的电力设施等涉及城市或区域生命线的支持性建筑或工程。

5）高架仓库

高架仓库是指货架高度大于 7 m 且采用机械化操作或自动化控制的货架仓库。

6）半地下室

半地下室是指房间地面低于室外设计地面的平均高度大于该房间平均净高 1/3，且不大于 1/2 者。

7）地下室

地下室是指房间地面低于室外设计地面的平均高度大于该房间平均净高 1/2 者。

三、石油库火灾危险性分类

石油库储存液化烃、易燃和可燃液体的火灾危险性分类见表 2-3 [《石油库设计规范》（GB 50074—2014）3.0.3]。

表 2-3　石油库储存液化烃、易燃和可燃液体的火灾危险性分类

类　别		特征或液体闪点 F_t/℃
甲	A	15 ℃时的蒸气压大于 0.1 MPa 的烃类及其他类似的液体
	B	甲$_A$ 类外，$F_t < 28$

表 2-3（续）

类　别		特征或液体闪点 F_t/℃
乙	A	$28 \leqslant F_t < 45$
	B	$45 \leqslant F_t < 60$
丙	A	$60 \leqslant F_t \leqslant 120$
	B	$F_t > 120$

石油库储存易燃和可燃液体的火灾危险性分类除应符合表 2-3 的规定外，还应符合下列规定：

（1）操作温度超过其闪点的乙类液体应视为甲$_B$ 类液体。

（2）操作温度超过其闪点的丙$_A$ 类液体应视为乙$_A$ 类液体。

（3）操作温度超过其闪点的丙$_B$ 类液体应视为乙$_B$ 类液体。

（4）操作温度超过其沸点的丙$_B$ 类液体应视为乙$_A$ 类液体。

（5）55 ℃ $\leqslant F_t < 60$ ℃ 的轻柴油，其储运设施的操作温度 $\leqslant 40$ ℃，可视为丙$_A$ 类液体。

第二节　总平面布局

建筑总平面布局的审查应依据《建规》。

一、建筑（工程）选址

建筑（工程）选址主要审查：周围环境、地势条件、主导风向等，审查要点见表 2-4。

表 2-4　建筑（工程）选址审查要点

重点内容		审　查　要　点	对应规范条目
工业建筑	周围环境	生产、储存和装卸易燃易爆危险物品的工厂、仓库和专用车站、码头，必须设置在城市的边缘或者相对独立的安全地带。易燃易爆气体和液体的充装站、供应站、调压站，应当设置在合理的位置，符合防火防爆要求	《建规》4.1.4 规定，甲、乙、丙类液体储罐区，液化石油气储罐区，可燃、助燃气体储罐区和可燃材料堆场，应与装卸区、辅助生产区及办公区分开布置。《建规》3.4.9 规定，一级汽车加油站、一级汽车加气站和一级汽车加油加气合建站不应布置在城市建成区内

表2-4（续）

重点内容		审查要点	对应规范条目
工业建筑	地势条件	甲、乙、丙类液体的仓库，宜布置在地势较低的地方，以免火灾对周围环境造成威胁；若布置在地势较高处，则应采取防止液体流散的措施。乙炔站等遇水产生可燃气体容易发生火灾爆炸的企业，严禁布置在可能被水淹没的地方	《建规》4.1.1规定，甲、乙、丙类液体储罐（区）宜布置在地势较低的地带。当布置在地势较高的地带时，应采取安全防护设施
	主导风向	散发可燃气体、可燃蒸气和可燃粉尘的车间、装置等，宜布置在明火或散发火花地点的常年主导风向的下风侧或侧风向。液化石油气储罐区宜布置在本单位或本地区全年最小频率风向的上风侧，并选择通风良好的地点独立设置。易燃材料的露天堆场宜设置在天然水源充足的地方，并宜布置在本单位或本地区全年最小频率风向的上风侧	《建规》4.1.1规定，甲、乙、丙类液体储罐区，液化石油气储罐区，可燃、助燃气体储罐区和可燃材料堆场等，应布置在城市（区域）的边缘或相对独立的安全地带，并宜布置在城市（区域）全年最小频率风向的上风侧。液化石油气储罐（区）宜布置在地势平坦、开阔等不易积存液化石油气的地带
民用建筑		民用建筑周围不宜布置易燃易爆建（构）筑物	《建规》5.2.1规定，在总平面布局中，应合理确定建筑的位置、防火间距、消防车道和消防水源等，不宜将建筑布置在甲、乙类厂（库）房，甲、乙、丙类液体储罐，可燃气体储罐和可燃材料堆场的附近

二、工业建（构）筑之间防火间距

（一）重点内容

工业建（构）筑之间防火间距的审查要点见表2-5。

表2-5 工业建（构）筑之间防火间距的审查要点

重点内容	审查要点	对应规范条目
厂房	一般规定：厂房之间及与乙、丙、丁、戊类仓库、民用建筑等的防火间距	除《建规》另有规定外，厂房之间及与乙、丙、丁、戊类仓库、民用建筑等的防火间距不应小于《建规》表3.4.1的规定

表 2-5（续）

重点内容	审 查 要 点	对应规范条目
厂房	甲、乙类厂房： (1) 与重要公共建筑不应小于 50 m。 (2) 与明火或散发火花地点不应小于 30 m。 (3) 与单、多层民用建筑不应小于 25 m	详见《建规》3.4.1、3.4.2、10.2.1。 甲、乙类厂房与架空电力线不应小于电杆高度的 1.5 倍
仓库	甲类仓库： 属于易燃易爆，火灾危险性特别大，作单独规定。 (1) 甲类仓库与高层仓库不应小于 13 m。 (2) 甲类仓库与高层民用建筑、重要公共建筑不应小于 50 m	(1) 甲类仓库之间及与其他建筑、明火或散发火花地点、铁路、道路等的防火间距见《建规》表 3.3.2。 (2) 甲类仓库之间不小于 20 m；当第 3、4 项物品储量不大于 2 t，第 1、2、5、6 项物品储量不大于 5 t 时，不应小于 12 m
	乙、丙、丁、戊类仓库： 除乙类第 6 项物品外的乙类仓库，与民用建筑不宜小于 25 m，与重要公共建筑不应小于 50 m	不应小于《建规》表 3.5.2 的规定。 (1) 单、多层戊类仓库之间，可按本表的规定减少 2 m。 (2) 两座仓库的相邻外墙均为防火墙时，防火间距可以减小，但丙类仓库，不应小于 6 m；丁、戊类仓库，不应小于 4 m
甲、乙、丙类液体、储罐（区）	甲、乙、丙类液体储罐（区）和乙、丙类液体桶装堆场与其他建筑的防火间距： 当甲、乙类液体储罐和丙类液体储罐布置在同一储罐区时，罐区的总容量可按 1 m³ 甲、乙类液体相当于 5 m³ 丙类液体折算	详见《建规》4.2.1
	甲、乙、丙类液体储罐之间的防火间距： (1) 两排卧式储罐之间的防火间距不应小于 3 m。 (2) 当单罐容量不大于 1000 m³ 且采用固定冷却系统时，甲、乙类液体的地上式固定顶储罐之间的防火间距不应小于 0.6D	详见《建规》4.2.2

注：D 为相邻较大立式储罐的直径，单位为 m。

（二）难点剖析

1. 应当掌握防火间距不足时的消防技术措施

（1）改变建筑物的生产和使用性质，尽量降低建筑物的火灾危险性，改变房屋部分结构的耐火性能，提高建筑物的耐火等级。

（2）调整生产厂房的部分工艺流程，限制库房内储存物品的数量，提高部分构件的耐火极限和燃烧性能。

（3）将建筑物的普通外墙改造为防火墙或减少相邻建筑的开口面积，如开设门、窗，应采用防火门、窗或加防火水幕保护。

（4）拆除部分耐火等级低、占地面积小、使用价值低且与新建筑物相邻的原有陈旧建筑物。

（5）设置独立的室外防火墙。在设置防火墙时，应兼顾通风排烟和破拆扑救，切忌盲目设置，顾此失彼。

2. 应当掌握防火间距可适当放宽条件

1）防火间距可以减小25%的条件

两座丙、丁、戊类厂房相邻两面外墙均为不燃性墙体，当无外露的可燃性屋檐，每面外墙上的门、窗、洞口面积之和各不大于外墙面积的5%，且门、窗、洞口不正对开设时，其防火间距可按《建规》表3.4.1的规定减少25%。

2）防火间距不限的条件

（1）两座厂房相邻较高一面外墙为防火墙时，其防火间距不限，但甲类厂房之间不应小于4 m。

（2）丙、丁、戊类厂房与民用建筑的耐火等级均为一、二级时，当较高一面外墙为无门、窗、洞口的防火墙，或比相邻较低一座建筑屋面高15 m及以下范围内的外墙为无门、窗、洞口的防火墙时，其防火间距不限，如图2-1所示。

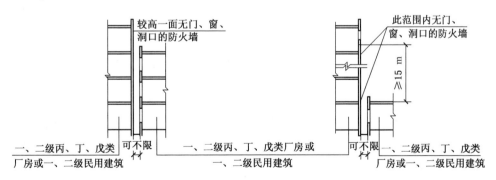

图2-1　丙、丁、戊类厂房与民用建筑之间防火间距不限的条件

（3）两座仓库相邻较高一面外墙为防火墙，且总占地面积不大于《建规》

3.3.2 规定的一座仓库的最大允许占地面积规定时，其防火间距不限。

（4）丁、戊类仓库与民用建筑的耐火等级均为一、二级时，当较高一面外墙为无门、窗、洞口的防火墙，或比相邻较低一座建筑屋面高 15 m 及以下范围内的外墙为无门、窗、洞口的防火墙时，其防火间距不限。

3）可适当减小的条件

（1）两座一、二级耐火等级的厂房，当相邻较低一面外墙为防火墙且较低一座厂房的屋顶无天窗，屋顶的耐火极限不低于 1.00 h，或相邻较高一面外墙的门、窗等开口部位设置甲级防火门、窗或防火分隔水幕或按《建规》6.5.3 的规定设置防火卷帘时，甲、乙类厂房之间的防火间距不应小于 6 m，丙、丁、戊类厂房之间的防火间距不应小于 4 m。

（2）丙、丁、戊类厂房与民用建筑的耐火等级均为一、二级时，丙、丁、戊类厂房与民用建筑的防火间距可适当减小，但应符合下列规定：相邻较低一面外墙为防火墙，且屋顶无天窗、屋顶的耐火极限不低于 1.00 h，或相邻较高一面外墙为防火墙，且墙上开口部位采取了防火措施，其防火间距可适当减小，但不应小于 4 m，如图 2-2 所示。

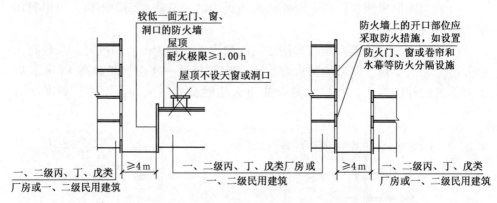

图 2-2　丙、丁、戊类厂房与民用建筑之间防火间距可适当减小的条件

（3）丁、戊类仓库与民用建筑的耐火等级均为一、二级时，仓库与民用建筑的防火间距可适当减小，但应符合下列规定：相邻较低一面外墙为防火墙，且屋顶无天窗或洞口、屋顶耐火极限不低于 1.00 h，或相邻较高一面外墙为防火墙，且墙上开口部位采取了防火措施，其防火间距可适当减小，但不应小于 4 m。

4）同一座"U"形或"山"形厂房中相邻两翼之间的防火间距

同一座"U"形或"山"形厂房中相邻两翼之间的防火间距，不宜小于《建规》3.4.1的规定，但当厂房的占地面积小于《建规》3.3.1规定的每个防火分区最大允许建筑面积时，其防火间距可为6 m，如图2-3所示。

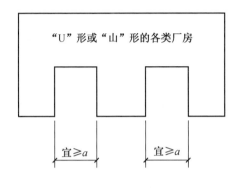

同一座"U"形或"山"形厂房中相邻两翼之间的防火间距 a

耐火等候	生产火灾危险性	a/m
一、二级	甲类厂房	12
	单、多层乙类厂房	10
	单、多层丙、丁类厂房	10
	高层厂房	13
三级	单、多层乙、丙、丁、戊类厂房	14
四级	单、多层丙、丁类厂房	18

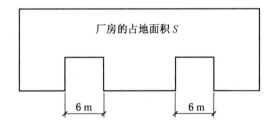

图2-3　"U"形或"山"形厂房相邻两翼之间的防火间距

三、民用建筑之间防火间距

(一) 重点内容

民用建筑之间防火间距的审查要点见表2-6。

表2-6　民用建筑之间防火间距的审查要点

审 查 要 点	对 应 规 范 条 目
高层民用建筑之间、高层民用建筑与裙房和其他民用建筑之间	详见《建规》表5.2.2的规定
建筑高度大于100 m的民用建筑按照《建规》表5.2.2的规定执行	详见《建规》5.2.6。即使符合《建规》3.4.5、3.5.3、4.2.1和5.2.2允许减小的条件，但也不能减小

表2-6（续）

审 查 要 点	对 应 规 范 条 目
民用建筑与单独建造的变电站的防火间距： 民用建筑与10 kV及以下的预装式变电站的防火间距不应小于3 m	应符合《建规》3.4.1有关室外变、配电站的规定，但与单独建造的终端变电站的防火间距，可根据变电站的耐火等级按《建规》5.2.2有关民用建筑的规定确定
民用建筑与燃油、燃气或燃煤锅炉房的防火间距	应符合《建规》3.4.1有关丁类厂房的规定，但与单台蒸汽锅炉的蒸发量不大于4 t/h或单台热水锅炉的额定热功率不大于2.8 MW的燃煤锅炉房的防火间距，可根据锅炉房的耐火等级按《建规》5.2.2有关民用建筑的规定确定

（二）难点剖析

1. 防火间距可以减小25%的条件

相邻两座单、多层建筑，当相邻外墙为不燃性墙体且无外露的可燃性屋檐，每面外墙上无防火保护的门、窗、洞口不正对开设且该门、窗、洞口的面积之和不大于外墙面积的5%时，其防火间距可按《建规》表5.2.2的规定减少25%。

2. 防火间距不限的条件

（1）两座建筑相邻较高一面外墙为防火墙，或高出相邻较低一座一、二级耐火等级建筑的屋面15 m及以下范围内的外墙为防火墙时，其防火间距不限，如图2-4a所示。

（2）相邻两座高度相同的一、二级耐火等级建筑中相邻任一侧外墙为防火墙，屋顶的耐火极限不低于1.00 h时，其防火间距不限，如图2-4b所示。

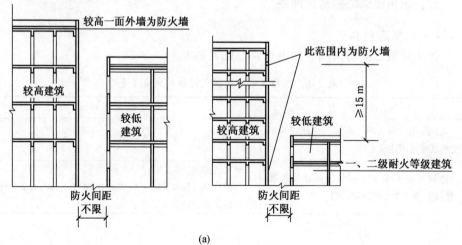

(a)

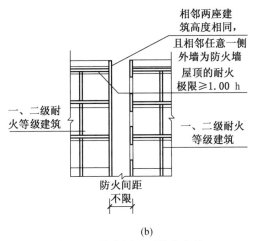

(b)

图 2-4 防火间距不限的条件

3. 防火间距可适当减小要求

（1）相邻两座建筑中较低一座建筑的耐火等级不低于二级，相邻较低一面外墙为防火墙且屋顶无天窗，屋顶的耐火极限不低于 1.00 h 时，其防火间距不应小于 3.5 m；对于高层建筑，不应小于 4 m，如图 2-5 所示。

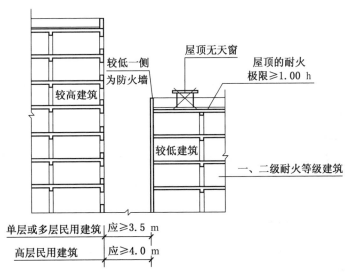

图 2-5 防火间距不应小于 3.5 m（或 4 m）的条件之一

（2）相邻两座建筑中较低一座建筑的耐火等级不低于二级且屋顶无天窗，相邻较高一面外墙高出较低一座建筑的屋面 15 m 及以下范围内的开口部位设置甲级

33

防火门、窗，或设置符合标准规定的防火分隔水幕或《建规》6.5.3规定的防火卷帘时，其防火间距不应小于3.5 m；对于高层建筑，不应小于4 m，如图2-6所示。

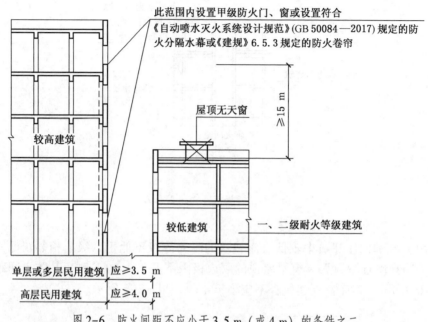

图2-6 防火间距不应小于3.5 m（或4 m）的条件之二

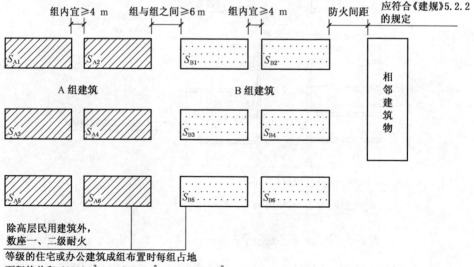

图2-7 组与组或组与相邻建筑物的防火间距

4. 成组布置的防火间距

除高层民用建筑外，数座一、二级耐火等级的住宅建筑或办公建筑，当建筑物的占地面积总和不大于 2500 m² 时，可成组布置，但组内建筑物之间的间距不宜小于 4 m。组与组或组与相邻建筑物的防火间距不应小于《建规》5.2.2 的规定，如图 2-7 所示。

第三节　平　面　布　置

建筑平面布置的审查应依据《建规》。

建筑平面布置分类如图 2-8 所示。

一、重点内容

（一）工业建筑

（1）甲、乙类生产场所（仓库）不应设置在地下或半地下。

（2）员工宿舍严禁设置在厂房内。员工宿舍严禁设置在仓库内。

工业建筑平面布置的其他审查要点见表 2-7。

表 2-7　工业建筑平面布置的其他审查要点

序号	部位	重点内容及审查要点	对应规范条目
1	办公室、休息室与甲、乙类厂房贴邻	3.00 h 防爆墙，独立的安全出口，厂房耐火等级不应低于二级	详见《建规》3.3.5
2	办公室、休息室设置在丙类厂房内	2.50 h 防火隔墙+1.00 h 楼板+乙级防火门，至少设置 1 个独立的安全出口	详见《建规》3.3.5
3	办公室、休息室设置在丙、丁类仓库内	2.50 h 防火隔墙+1.00 h 楼板+乙级防火门，独立的安全出口	详见《建规》3.3.9
4	甲、乙类中间仓库	防火墙+1.50 h 楼板；储量不宜超过 1 昼夜的需要量；靠外墙布置。对于需用量较少的厂房，可适当调整到存放 1~2 昼夜的用量；如 1 昼夜的需用量较大，则要严格控制为 1 昼夜用量	详见《建规》3.3.6 中间仓库应符合《建规》3.3.2、3.3.3 的规定
5	丙类中间仓库	防火墙+1.50 h 楼板	
6	丁、戊类中间仓库	2.00 h 防火墙+1.00 h 楼板	
7	严禁要求	办公室、休息室等严禁设置在甲、乙类仓库内，也不应贴邻	详见《建规》3.3.5、3.3.9

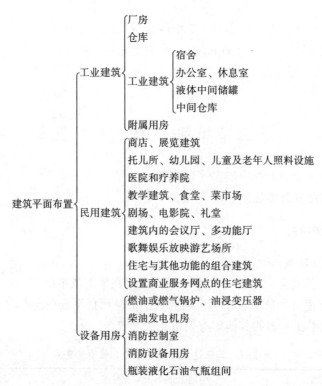

图 2-8　建筑平面布置分类

(二) 民用建筑

　　除为满足民用建筑使用功能所设置的附属库房外，民用建筑内不应设置生产车间和其他库房。经营、存放和使用甲、乙类火灾危险性物品的商店、作坊和储藏间，严禁附设在民用建筑内。

　　民用建筑平面布置的其他审查要点见表 2-8。

表2-8　民用建筑平面布置的其他审查要点

序号	部位	重点内容及审查要点	对应规范条目
1	营业厅、展览厅	(1) 当地下营业厅总建筑面积大于 20000 m² 时，必须采用不开设门、窗、洞口的防火墙进行分隔；不得设置在地下三层及以下楼层。 (2) 三级耐火等级建筑内的商店只能设置在二层或首层，四级耐火等级建筑内的商店只能设置在首层	详见《建规》5.4.3

表 2-8（续）

序号	部位	重点内容及审查要点	对应规范条目
2	儿童用房、儿童活动场所、老年人照料设施	（1）与其他部分：2.00 h 防火隔墙+1.00 h 楼板+乙级防火门。 （2）设置在高层内时，独立的安全出口和疏散楼梯。设置在单、多层内时，宜设置单独的安全出口和疏散楼梯。 （3）不得设置地下、半地下（室）内。 （4）三级耐火等级建筑的首层或二层，四级耐火等级建筑的首层	详见《建规》5.4.4、6.2.2
3	医院和疗养院的病房楼	（1）相邻护理单元之间：2.00 h 防火隔墙+乙级防火门。 （2）不得设置地下、半地下（室）内。 （3）三级耐火等级建筑的首层或二层，四级耐火等级建筑的首层	详见《建规》5.4.5
4	剧场、电影院、礼堂设置在其他民用建筑内时	（1）与其他部分：2.00 h 防火隔墙+甲级防火门。 （2）至少应设置 1 个独立的安全出口和疏散楼梯。 （3）宜布置在一、二级耐火等级的多层或高层建筑的首层、二层或三层；设置在三级耐火等级的建筑内时，不得布置在三层及以上楼层；设置在地下或半地下时，宜设置在地下一层，不得设置在地下三层及以下楼层。 （4）设有固定坐席观众厅的布置。设置在建筑的四层及以上楼层时，应符合其他规定	详见《建规》5.4.7
5	建筑内的观众厅、会议厅、多功能厅等人员密集的场所	（1）宜布置在首层、二层或三层。设置在三级耐火等级的建筑内时，不应布置在三层及以上楼层。 （2）确需布置在其他楼层时，应符合其他规定	详见《建规》5.4.8
6	歌舞娱乐放映游艺场所	（1）与其他部分：2.00 h 防火隔墙+1.00 h 楼板+乙级防火门。 （2）不得布置在地下二层及以下楼层。宜布置在一、二级耐火等级建筑物内的首层、二层或三层的靠外墙部位。不宜布置在袋形走道的两侧或尽端。 （3）布置在地下一层或四层及以上楼层时，应符合其他规定	详见《建规》5.4.9

表 2-8 （续）

序号	部位	重点内容及审查要点	对应规范条目
7	住宅部分与非住宅部分之间（非高层）	（1）2.00 h 且无门、窗、洞口的防火墙＋1.50 h 楼板。 （2）安全出口和疏散楼梯应分别独立设置	详见《建规》5.4.10
8	住宅部分与非住宅部分之间（高层）	（1）无门、窗、洞口的防火墙＋2.00 h 楼板。 （2）安全出口和疏散楼梯应分别独立设置	详见《建规》5.4.10
9	住宅的居住部分与商业服务网点之间	（1）2.00 h 且无门、窗、洞口的防火隔墙＋1.50 h 楼板。 （2）安全出口和疏散楼梯应分别独立设置	详见《建规》5.4.11
10	商业服务网点分隔单元之间	2.00 h 且无门、窗、洞口的防火隔墙	详见《建规》5.4.11

（三）设备用房

设备用房平面布置的审查要点见表 2-9。

表 2-9　设备用房平面布置的审查要点

序号	部位	重点内容及审查要点	对应规范条目
1	锅炉房、变压器室	（1）与其他部位之间：2.00 h 防火隔墙＋1.50 h 楼板＋甲级门、窗。 （2）燃油或燃气锅炉房和变压器室应设置在首层或地下一层的靠外墙部位，如为常（负）压燃油或燃气锅炉，可设置在地下二层或屋顶上。 （3）确需布置在民用建筑内时，不得布置在人员密集场所的上一层、下一层或贴邻	详见《建规》5.4.12
2	锅炉房内储油间	（1）与其他部位之间：3.00 h 防火隔墙＋甲级防火门。 （2）容量≤1 m³	详见《建规》5.4.12
3	变压器室之间、变压器室与配电室之间	2.00 h 防火隔墙	详见《建规》5.4.12
4	民用建筑内的柴油发电机房	（1）与其他部位之间：2.00 h 防火隔墙＋1.50 h＋甲级防火门。 （2）不得布置在人员密集场所的上一层、下一层或贴邻，宜布置在建筑物的首层及地下一、二层	详见《建规》5.4.13

表2-9（续）

序号	部位	重点内容及审查要点	对应规范条目
5	柴油发电机房内储油间	（1）与其他部位之间：3.00 h 防火隔墙+甲级防火门。 （2）容量≤1 m³	详见《建规》5.4.13
6	瓶装液化石油气瓶组间	（1）应设置独立的瓶组间。 （2）瓶组间不应与住宅建筑、重要公共建筑和其他高层公共建筑贴邻，总容积不大于 1 m³ 的瓶组间与所服务的其他建筑贴邻时，应采用自然气化方式供气	详见《建规》5.4.17
7	供建筑内使用的丙类液体储罐	中间罐的容量不得大于 1 m³，并设置在一、二级耐火等级的单独房间内，房间门应采用甲级防火门	详见《建规》5.4.14
8	建筑内的消防控制室	（1）与其他部位之间：2.00 h 隔墙+1.50 h 楼板+乙级防火门。 （2）可设置在建筑物的地下一层或首层的靠外墙部位	详见《建规》6.2.7、
9	消防水泵房	（1）与其他部位之间：2.00 h 隔墙+1.50 h 楼板+甲级防火门。 （2）不得设置在地下三层及以下或地下室内外高差大于 10 m 的楼层内	详见《建规》6.2.7、8.1.6

二、难点剖析

（一）各类设备用房的位置比较

（1）柴油发电机房、直燃机房、锅炉房、油浸电力变压器、充有可燃油的高压电容器和多油开关等用房，位置要求相同的是：

① 均不应布置在人员密集场所的上一层、下一层或贴邻。

② 均可设在首层、地下一层的靠外墙部位。

位置要求不同的是：

① 柴油发电机房可以布置地下二层。

② 燃油或燃气锅炉房应设置在首层或地下一层的靠外墙部位，但常（负）压燃油或燃气锅炉可设置在地下二层或屋顶上。距离通向屋面的安全出口不应小于 6 m。

（2）设备用房的疏散门应直通室外或安全出口的有锅炉房、变压器室、消防水泵房、消防控制室。

（二）办公室、休息室与甲、乙类厂房贴邻

办公室、休息室与甲、乙类厂房贴邻的平面布置要求，如图2-9所示。

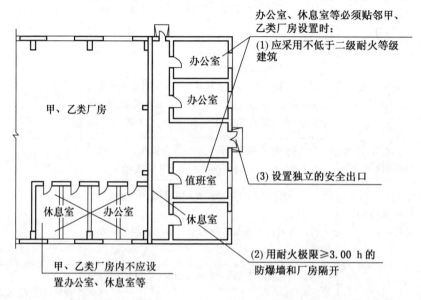

图2-9 办公室、休息室贴邻甲、乙类厂房的平面布置

（三）剧场、电影院、礼堂

剧场、电影院、礼堂宜设置在独立的建筑内；采用三级耐火等级建筑时，不应超过2层；确需设置在其他民用建筑内时，至少应设置1个独立的安全出口和疏散楼梯，其他要求如图2-10所示。

（四）建筑内的观众厅、会议厅、多功能厅

建筑内的观众厅、会议厅、多功能厅等人员密集的场所，宜布置在首层、二层或三层。确需布置在其他楼层时，除《建规》另有规定外，尚应符合下列规定（图2-11）：

（1）一个厅、室的疏散门不应少于2个，且建筑面积不宜大于400 m^2。

（2）设置在地下或半地下时，宜设置在地下一层，不应设置在地下三层及以下楼层。

（3）设置在高层建筑内，应设置火灾自动报警系统和自动喷水灭火系统等自动灭火系统。

（五）歌舞娱乐放映游艺场所

歌舞厅、录像厅、夜总会、卡拉OK厅（含具有卡拉OK功能的餐厅）、游

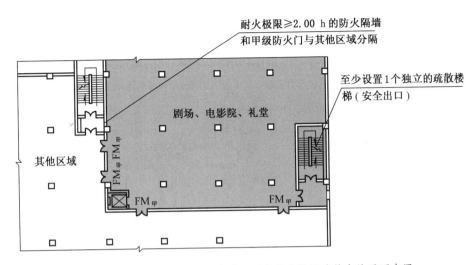

耐火极限≥2.00 h 的防火隔墙和甲级防火门与其他区域分隔

至少设置1个独立的疏散楼梯（安全出口）

剧场、电影院、礼堂

其他区域

图 2-10 剧场、电影院、礼堂需设置在其他民用建筑内的平面布置

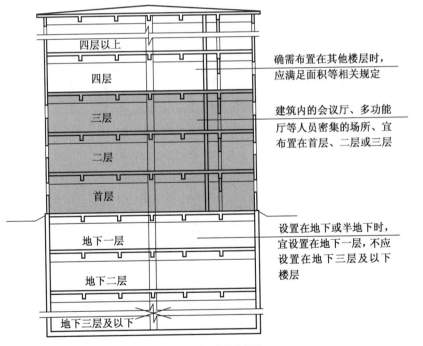

四层以上

四层

三层

二层

首层

地下一层

地下二层

地下三层及以下

确需布置在其他楼层时，应满足面积等相关规定

建筑内的会议厅、多功能厅等人员密集的场所、宜布置在首层、二层或三层

设置在地下或半地下时，宜设置在地下一层，不应设置在地下三层及以下楼层

注：本图为一、二级耐火等级建筑剖面示意图。

图 2-11 建筑内的观众厅、会议厅、多功能厅的设置要求

艺厅（含电子游艺厅）、桑拿浴室（不包括洗浴部分）、网吧等歌舞娱乐放映游艺场所（不含剧场、电影院）的布置应符合下列规定（图2-12）：

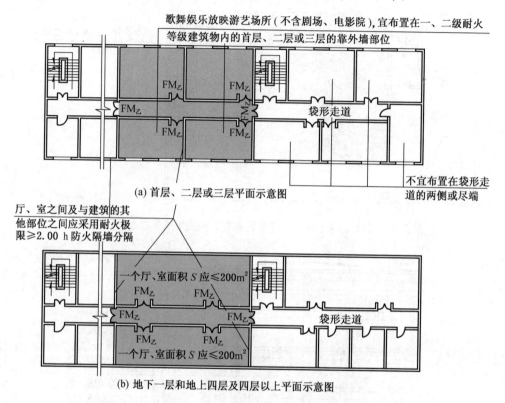

图2-12 歌舞娱乐放映游艺场所的平面布置

（1）不应布置在地下二层及以下楼层。

（2）宜布置在一、二级耐火等级建筑内的首层、二层或三层的靠外墙部位。

（3）不宜布置在袋形走道的两侧或尽端。

（4）确需布置在地下一层时，地下一层的地面与室外出入口地坪的高差不应大于10 m。

（5）确需布置在地下或四层及以上楼层，则一个厅、室的建筑面积不应大于200 m²（即使设置了自动喷水系统，面积也不能增加）。

（6）厅、室之间及与建筑的其他部位之间，应采用耐火极限不低于2.00 h的防火隔墙和1.00 h的不燃性楼板分隔，设置在厅、室墙上的门和该场所与建筑内其他部位相通的门均应采用乙级防火门。

（六）住宅与其他功能的组合建筑

除商业服务网点外，住宅建筑与其他使用功能的建筑合建时，应符合下列规定（图2-13）：

（1）住宅部分与非住宅部分之间，应采用耐火极限不低于2.00 h且无门、窗、洞口的防火隔墙和1.50 h的不燃性楼板完全分隔；当为高层建筑时，应采用无门、窗、洞口的防火墙和耐火极限不低于2.00 h的不燃性楼板完全分隔。

（2）住宅部分与非住宅部分的安全出口和疏散楼梯应分别独立设置；为住宅部分服务的地上车库应设置独立的疏散楼梯或安全出口，地下车库的疏散楼梯应按《建规》6.4.4的规定进行分隔。

（3）建筑外墙上、下层开口之间的防火措施应符合《建规》6.2.5的规定。

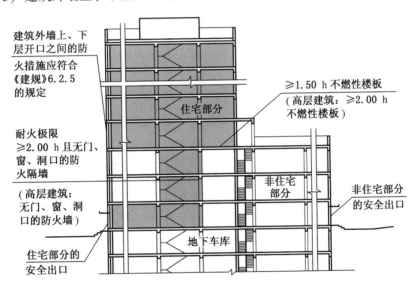

图2-13 住宅与其他功能的组合建筑设置要求

（七）设置商业服务网点的住宅建筑

（1）设置商业服务网点的住宅建筑，其居住部分与商业服务网点之间应采用耐火极限不低于2.00 h且无门、窗、洞口的防火隔墙和1.50 h的不燃性楼板完全分隔，住宅部分和商业服务网点部分的安全出口和疏散楼梯应分别独立设置。

（2）商业服务网点中每个分隔单元之间应采用耐火极限不低于2.00 h且无门、窗、洞口的防火隔墙相互分隔，当每个分隔单元任一层建筑面积大于200 m²时，应设置2个安全出口或疏散门（图2-14）。

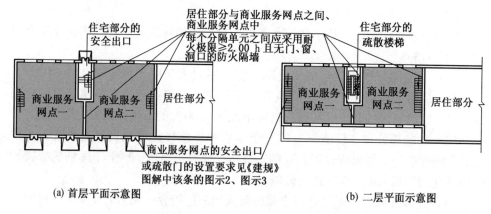

(a) 首层平面示意图　　　　　　　　　　　　　　　　(b) 二层平面示意图

图 2-14　商业服务网点中每个分隔单元之间的平面布置

（八）燃油或燃气锅炉、油浸变压器

燃油或燃气锅炉、油浸变压器、充有可燃油的高压电容器和多油开关室等，宜设置在建筑外的专用房间内；确需贴邻民用建筑布置时，应采用防火墙与所贴邻的建筑分隔，且不应贴邻人员密集场所，该专用房间的耐火等级不应低于二级（图 2-15）。

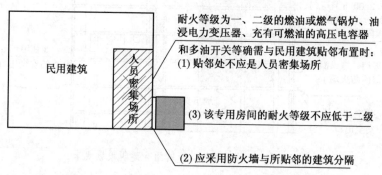

图 2-15　燃油或燃气锅炉、油浸变压器的位置要求

确需布置在民用建筑内时，不应布置在人员密集场所的上一层、下一层或贴邻，并应符合下列规定：

（1）燃油或燃气锅炉房、变压器室应设置在首层或地下一层的靠外墙部位，但常（负）压燃油或燃气锅炉可设置在地下二层或屋顶上。设置在屋顶上的常（负）压燃气锅炉，距离通向屋面的安全出口不应小于 6 m，如图 2-16 所示。

采用相对密度（与空气密度的比值）不小于 0.75 的可燃气体为燃料的锅炉，不得设置在地下或半地下。

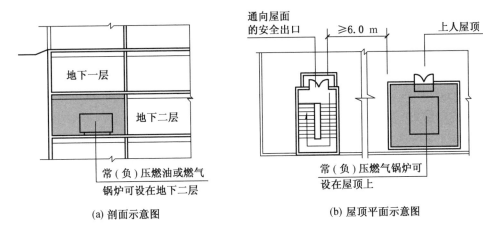

（a）剖面示意图　　　　　　　　　　（b）屋顶平面示意图

图 2-16　常（负）压燃气锅炉的设置要求

（2）锅炉房、变压器室的疏散门均应直通室外或安全出口。

（3）锅炉房、变压器室等与其他部位之间应采用耐火极限不低于 2.00 h 的防火隔墙和 1.50 h 的不燃性楼板分隔。在隔墙和楼板上不应开设洞口，确需在隔墙上设置门、窗时，应采用甲级防火门、窗。

（九）锅炉房内设置储油间

锅炉房内设置储油间时，其总储存量不应大于 1 m³，且储油间应采用耐火极限不低于 3.00 h 的防火隔墙与锅炉间分隔；确需在防火隔墙上设置门时，应采用甲级防火门；设置要求如图 2-17 所示。

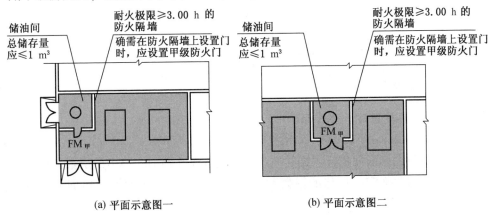

（a）平面示意图一　　　　　　　　　（b）平面示意图二

图 2-17　锅炉房内储油间的设置要求

（十）瓶装液化石油气瓶组间

瓶装液化石油气瓶组供气时，应符合下列规定：

（1）应设置独立的瓶组间。

（2）瓶组间不应与住宅建筑、重要公共建筑和其他高层公共建筑贴邻，液化石油气气瓶的总容积不大于 1 m³ 的瓶组间与所服务的其他建筑贴邻时，应采用自然气化方式供气。

（3）液化石油气气瓶的总容积大于 1 m³、不大于 4 m³ 的独立瓶组间，与所服务建筑的防火间距应符合《建规》表 5.4.17 的规定，具体见表 2-10。

表 2-10　液化石油气气瓶的独立瓶组间与所服务建筑的防火间距　　　　　m

名　　　称		液化石油气气瓶的独立瓶组间的总容积 V	
		$V \leqslant 2\ m^3$	$2\ m^3 V \leqslant 4\ m^3$
明火或散发火花地点		25	30
重要公共建筑、一类高层民用建筑		15	20
裙房和其他民用建筑		8	10
道路（路边）	主要	10	
	次要	5	

注：气瓶总容积应按配置气瓶个数与单瓶几何容积的乘积计算。

第四节　建筑构造防火

建筑构造防火的审查应依据《建规》。

一、重点内容

（一）各类建筑防火分区面积

1. 厂房的防火分区

厂房的防火分区面积应根据其生产的火灾危险性类别、厂房的层数和厂房的耐火等级等因素确定。厂房的层数和每个防火分区的最大允许建筑面积应符合《建规》3.3.1 的规定。

这里特别需要注意的是：

（1）防火分区之间应采用防火墙分隔。除甲类厂房外的一、二级耐火等级厂房,当其防火分区的建筑面积大于《建规》表3.3.1的规定,且设置防火墙确有困难时,可采用防火卷帘或防火分隔水幕分隔(甲类厂房必须采用防火墙分隔)。

(2)厂房内设置自动灭火系统时,每个防火分区的最大允许建筑面积可按《建规》表3.3.1的规定增加1.0倍。厂房内局部设置自动灭火系统时,其防火分区的增加面积可按该局部面积的1.0倍计算(与民用建筑相同)。

(3)当丁、戊类的地上厂房内设置自动灭火系统时,每个防火分区的最大允许建筑面积不限。

(4)一级耐火等级单层丙类厂房,一、二级耐火等级单层丁、戊类厂房,防火分区面积不限。

2. 仓库的防火分区

仓库的层数和面积应符合《建规》表3.3.2的规定。

(1)仓库内的防火分区之间必须采用防火墙分隔,甲、乙类仓库内防火分区之间的防火墙不应开设门、窗、洞口;地下或半地下仓库(包括地下或半地下室)的最大允许占地面积,不应大于相应类别地上仓库的最大允许占地面积。

(2)仓库内设置自动灭火系统时,除冷库的防火分区外,每座仓库的最大允许占地面积和每个防火分区的最大允许建筑面积可按《建规》表3.3.2的规定增加1.0倍。

3. 民用建筑的防火分区

不同耐火等级民用建筑的允许建筑高度或层数、防火分区最大允许建筑面积见《建规》5.3.1。

这里特别需要注意的是:

(1)裙房与高层建筑主体之间设置防火墙时,裙房的防火分区可按单、多层建筑的要求确定。

(2)防火分区之间应采用防火墙分隔,确有困难时,可采用防火卷帘等防火分隔设施分隔。

(二)防火分隔构件

建筑防火分隔构件可分为固定式和活动式两种。固定式防火分隔构件包括:防火墙、防火隔墙、楼板、防火挑檐等。活动式防火分隔构件包括:防火门、防火窗、防火卷帘、防火水幕等。

防火墙的审查要点见表2-11。

表 2-11 防火墙的审查要点

重点内容	审查要点	对应规范条目
构造	应直接设置在建筑的基础或框架、梁等承重结构上: (1) 框架、梁等承重结构的耐火极限不应低于防火墙的耐火极限。 (2) 防火墙应从楼地面基层隔断至梁、楼板或屋面板的底面基层	《建规》6.1.1
防火墙与天窗距离	防火墙横截面中心线水平距离天窗端面小于 4.0 m，且天窗端面为可燃性墙体时，应采取防止火势蔓延的措施	《建规》6.1.2
防火墙与外墙关系	(1) 建筑外墙为难燃性或可燃性墙体时，防火墙应凸出墙的外表面 0.4 m 以上，且防火墙两侧的外墙均应为宽度均不小于 2.0 m 的不燃性墙体，其耐火极限不应低于外墙的耐火极限。 (2) 建筑外墙为不燃性墙体时，防火墙可不凸出墙的外表面，紧靠防火墙两侧的门、窗、洞口之间最近边缘的水平距离不应小于 2.0 m；采取设置乙级防火窗等防止火灾水平蔓延的措施时，该距离不限	《建规》6.1.3
防火墙在转角处	建筑内的防火墙不宜设置在转角处，确需设置时，内转角两侧墙上的门、窗、洞口之间最近边缘的水平距离不应小于 4.0 m；采取设置乙级防火窗等防止火灾水平蔓延的措施时，该距离不限	《建规》6.1.4
防火墙开孔洞	防火墙上不应开设门、窗、洞口，确需开设时，应设置不可开启或火灾时能自动关闭的甲级防火门、窗	《建规》6.1.5
防火墙与管道	(1) 可燃气体和甲、乙、丙类液体的管道严禁穿过防火墙。防火墙内不应设置排气道。 (2) 确需穿过时，应采用防火封堵材料将墙与管道之间的空隙紧密填实，穿过防火墙处的管道保温材料，应采用不燃材料；当管道为难燃及可燃材料时，应在防火墙两侧的管道上采取防火措施	《建规》6.1.6

活动式防火分隔构件的审查要点见表 2-12。

表 2-12 活动式防火分隔构件的审查要点

重点内容		审查要点	对应规范条目
防火卷帘	宽度	除中庭外，当防火分隔部位的宽度不大于 30 m 时，防火卷帘的宽度不应大于 10 m；当防火分隔部位的宽度大于 30 m 时，防火卷帘的宽度不应大于该部位宽度的 1/3，且不应大于 20 m	《建规》6.5.3

表 2-12 (续)

重点内容		审　查　要　点	对应规范条目
防火卷帘	靠自重自动关闭功能	防火卷帘应具有火灾时靠自重自动关闭功能。不能采用水平、侧向防火卷帘	《建规》6.5.3
	耐火极限	(1) 耐火极限不应低于《建规》对所设置部位墙体的耐火极限要求。 (2) 当耐火极限符合耐火完整性和耐火隔热性的判定条件时,可不设置自动喷水灭火系统保护;仅符合有关耐火完整性的判定条件时,应设置自动喷水灭火系统保护。 (3) 自动喷水灭火系统的设计应符合规范的规定,但火灾延续时间不应小于该防火卷帘的耐火极限	
防火门	经常有人通行处的防火门	宜采用常开防火门。常开防火门应能在火灾时自行关闭,并应具有信号反馈的功能	《建规》6.5.1
	开启方式	除《建规》6.4.11 第 4 款的规定外,防火门应能在其内外两侧手动开启	
	变形缝附近	防火门应设置在楼层较多的一侧,并应保证防火门开启时门扇不跨越变形缝	
防火窗	设置在防火墙、防火隔墙上	(1) 应采用不可开启的窗扇或具有火灾时能自行关闭的功能。 (2) 防火窗应符合《防火窗》(GB 16809—2008)的有关规定	《建规》6.5.2

(三) 特殊空间的防火分隔

特殊空间的防火分隔的审查要点见表 2-13。

表 2-13　特殊空间的防火分隔的审查要点

重点内容	部　位	审　查　要　点	对应规范条目
中庭	采用防火隔墙	其耐火极限≥1.00 h	《建规》5.3.2
	采用防火玻璃墙	其耐火隔热性和耐火完整性≥1.00 h	
	采用耐火完整性≥1.00 h 的非隔热性防火玻璃墙	应设置自动喷水灭火系统进行保护	
	采用防火卷帘	其耐火极限不应低于《建规》对所设置部位墙体的耐火极限要求	
	与中庭连通的门、窗	应采用火灾时能自行关闭的甲级防火门、窗	

表 2-13（续）

重点内容	部 位	审 查 要 点	对应规范条目
外墙上、下层开口之间	实体墙等	应设置高度不小于 1.2 m 的实体墙或挑出宽度不小于 1.0 m、长度不小于开口宽度的防火挑檐	《建规》6.2.5
	当室内设置自动喷水灭火系统时	上、下层开口之间的实体墙高度不应小于 0.8 m	
	设置实体墙确有困难时，可设置防火玻璃墙	但高层建筑的防火玻璃墙的耐火完整性不应低于 1.00 h，单、多层建筑的防火玻璃墙的耐火完整性不应低于 0.50 h	
住宅	住宅外墙相邻户开口之间的墙体宽度	不应小于 1.0 m；小于 1.0 m 时，应在开口之间设置突出外墙不小于 0.6 m 的隔板	

（四）特殊部位的防火分隔

特殊部位的防火分隔的审查要点见表 2-14。

表 2-14 特殊部位的防火分隔的审查要点

重点内容	部 位	审 查 要 点	对应规范条目
剧场	舞台与观众厅之间	≥3.00 h 的防火隔墙	《建规》6.2.1
	舞台上部与观众厅闷顶之间的隔墙	≥1.50 h 的防火隔墙	
	舞台下部的灯光操作室和可燃物储藏室与其他部位分隔	≥2.00 h 的防火隔墙	
电影院	电影放映室、卷片室与其他部位分隔	≥1.50 h 的防火隔墙	
使用性质不同部位之间	（1）甲、乙类生产部位和建筑内使用丙类液体的部位。（2）厂房内有明火和高温的部位等	≥2.00 h 的防火隔墙（可采用防火卷帘），乙级防火门、窗	《建规》6.2.3

表 2-14（续）

重点内容	部　位	审　查　要　点	对应规范条目
电梯井等各类竖井	电梯井、电缆井、管道井、排烟道、排气道、垃圾道等竖向井道	（1）应独立设置，不应敷设与电梯无关的可燃气体和甲、乙、丙类液体管道电缆、电线等。 （2）井壁的耐火极限不应低于 1.00 h，井壁上的检查门应采用丙级防火门	《建规》6.2.9
变形缝	（1）变形缝内的填充材料和变形缝的构造基层。 （2）管道穿过建筑内的变形缝处	（1）变形缝内的填充材料和变形缝的构造基层应采用不燃材料。 （2）电线、电缆、可燃气体和甲、乙、丙类液体的管道不宜穿过建筑内的变形缝，确需穿过时，应采取措施	《建规》6.3.4
闷顶	层数超过 2 层的三级耐火等级建筑内的闷顶	应在每个防火隔断范围内设置老虎窗，且老虎窗的间距不宜大于 50 m	《建规》6.3.2
	内有可燃物的闷顶	应在每个防火隔断范围内设置净宽度和净高度均不小于 0.7 m 的闷顶入口；对于公共建筑，每个防火隔断范围内的闷顶入口不宜少于 2 个	《建规》6.3.3

二、难点剖析

（一）防火分隔构件

（1）甲、乙类厂房，甲、乙、丙类仓库内防火墙的耐火极限不应低于 4.00 h。

（2）甲类厂房、仓库内的防火分区之间必须采用防火墙分隔。

甲、乙类仓库内防火分区之间的防火墙不应开设门、窗、洞口。

（3）采用耐火完整性不低于 1.00 h 的非隔热性防火玻璃墙（包括门、窗）时，应设置闭式自动喷水灭火系统进行保护。中庭、步行街两侧的商铺等都适用。

（4）防火隔墙与防火墙的区别：

① 防火墙既可以作为建筑内的隔墙，也可以作为建筑的外墙；防火隔墙是作为建筑内的隔墙使用的。

② 建筑内的防火墙一般位于相邻水平防火分区之间，而防火隔墙位于建筑内相邻水平区域之间。

(5) 防火（隔）墙的构造要求：建筑内的防火隔墙应从楼地面基层隔断至梁、楼板或屋面板的底面基层。住宅分户墙和单元之间的墙应隔断至梁、楼板或屋面板的底面基层。

（二）特殊部位和场所的防火分隔

1. 自动扶梯、敞开楼梯等

建筑内设置自动扶梯、敞开楼梯等上、下层相连通的开口时，其防火分区的建筑面积应按上、下层相连通的建筑面积叠加计算；当叠加计算后的建筑面积大于《建规》5.3.1 的规定时，应划分防火分区，如图 2-18 所示。

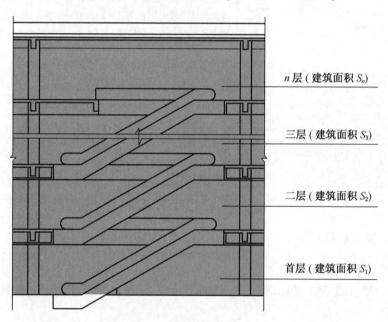

n 层（建筑面积 S_n）

三层（建筑面积 S_3）

二层（建筑面积 S_2）

首层（建筑面积 S_1）

注：以自动扶梯为例，其防火分区面积(S)应按上、下层相连通面积叠加计算，即 $S=S_1+S_2+\cdots+S_n$，当叠加计算后的建筑面积大于《建规》5.3.1 的规定时，应划分防火分区。

图 2-18　自动扶梯、敞开楼梯等的防火分区要求

2. 中庭

建筑内设置中庭时，其防火分区的建筑面积应按上、下层相连通的建筑面积叠加计算；当叠加计算后的建筑面积大于《建规》5.3.1 的规定时，应进行防火分隔。

3. 一、二级耐火等级建筑内的营业厅、展览厅

当设置自动灭火系统和火灾自动报警系统并采用不燃或难燃装修材料时，其每个防火分区的最大允许建筑面积应符合下列规定：

（1）设置在高层建筑内时，不应大于 4000 m^2。

（2）设置在单层建筑或仅设置在多层建筑的首层内时，不应大于 10000 m^2。

（3）设置在地下或半地下时，不应大于 2000 m^2。

4. 地下或半地下商店

总建筑面积大于 20000 m^2 的地下或半地下商店，应采用无门、窗、洞口的防火墙、耐火极限不低于 2.00 h 的楼板分隔为多个建筑面积不大于 20000 m^2 的区域。相邻区域确需局部连通时，应采用下沉式广场等室外开敞空间、防火隔间、避难走道、防烟楼梯间等方式进行连通，并应符合下列规定（图 2-19）：

（1）下沉式广场等室外开敞空间应能防止相邻区域的火灾蔓延和便于安全疏散，并应符合《建规》6.4.12 的规定。

（2）防火隔间的墙应为耐火极限不低于 3.00 h 的防火隔墙，并应符合《建规》6.4.13 的规定。

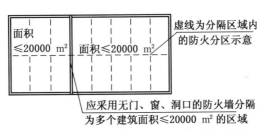

(a) 总建筑面积＞20000 m^2 的地下或半地下商店平面示意图

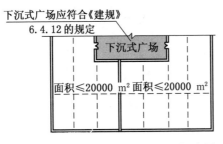

(b) 用下沉式广场方式连通平面示意图

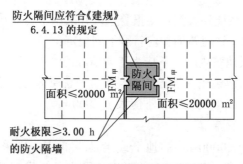

（c）用防火隔间连通平面示意图

图 2-19　地下或半地下商店的防火分区要求

（3）避难走道应符合《建规》6.4.14 的规定。

（4）防烟楼梯间的门应采用甲级防火门。

5. 有顶棚的步行街

餐饮、商店等商业设施通过有顶棚的步行街连接，且步行街两侧的建筑需利用步行街进行安全疏散时，应符合的防火规定以及两侧商铺的防火要求，如图 2-20 所示。

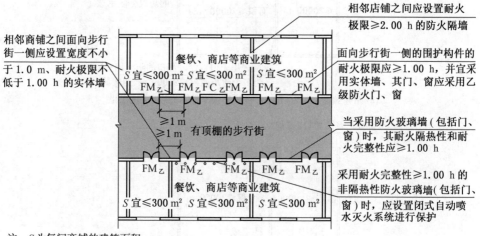

注：S 为每间商铺的建筑面积。

图 2-20　步行街两侧商铺的防火要求

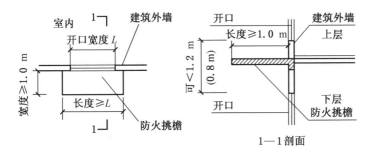

注：1. 当室内设置自动喷水灭火系统时，上、下层开口之间的墙体高度执行括号内数字。
 2. 如下部外窗的上沿以上为上一层的梁时，该梁高度可计入上、下层开口间的墙体高度。
 3. 实体墙、防火挑檐的耐火极限和燃烧性能，均不应低于相应耐火等级建筑外墙的要求。

图 2-21 建筑外墙上、下层开口之间的防火分隔

6. 外墙上、下层开口之间

建筑外墙上、下层开口之间应设置高度不小于 1.2 m 的实体墙或挑出宽度不小于 1.0 m、长度不小于开口宽度的防火挑檐；当室内设置自动喷水灭火系统时，上、下层开口之间的实体墙高度不应小于 0.8 m，如图 2-21 所示。

当上、下层开口之间设置实体墙确有困难时，可设置防火玻璃墙，但高层建筑的防火玻璃墙的耐火完整性不应低于 1.00 h，多层建筑的防火玻璃墙的耐火完整性不应低于 0.50 h。外窗的耐火完整性不应低于防火玻璃墙的耐火完整性要求。

住宅建筑外墙上相邻户开口之间的墙体宽度不应小于 1.0 m；小于 1.0 m 时，应在开口之间设置突出外墙不小于 0.6 m 的隔板，如图 2-22 所示。

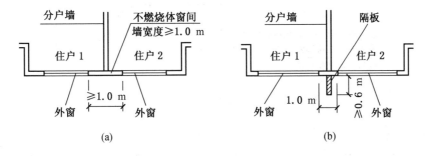

图 2-22 住宅建筑外墙上相邻户开口之间的防火分隔

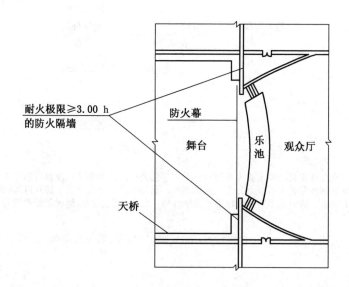

图 2-23　舞台与观众厅之间的隔墙应采用不低于 3.00 h 的防火隔墙

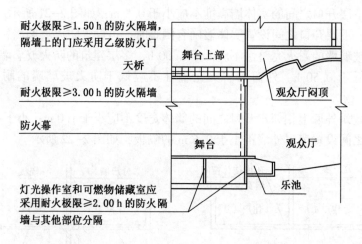

图 2-24　舞台上部与下部的防火分隔措施

7. 剧场

（1）舞台与观众厅之间的隔墙应采用耐火极限不低于 3.00 h 的防火隔墙，如图 2-23 所示。

（2）舞台上部与观众厅闷顶之间的隔墙可采用耐火极限不低 1.50 h 的防火

隔墙，隔墙上的门应采用乙级防火门，如图2-24所示。

（3）舞台下部的灯光操作室和可燃物储藏室应采用耐火极限不低于2.00 h的防火隔墙与其他部位分隔，如图2-24所示。

（4）电影放映室、卷片室应采用耐火极限不低于1.50 h的防火隔墙与其他部位分隔，观察孔和放映孔应采取防火分隔措施。

8. 火灾危险性较高的部位

建筑内的下列部位应采用耐火极限不低于2.00 h的防火隔墙与其他部位分隔，墙上的门、窗应采用乙级防火门、窗，确有困难时，可采用防火卷帘，但应符合《建规》6.5.3的规定。

（1）甲、乙类生产部位和建筑内使用丙类液体的部位。

（2）厂房内有明火和高温的部位。

（3）甲、乙、丙类厂房（仓库）内布置有不同火灾危险性类别的房间，如图2-25所示。

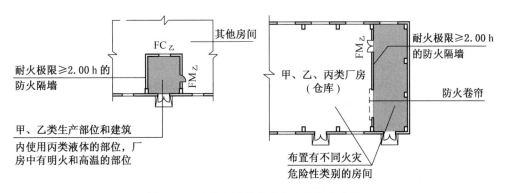

图2-25　火灾危险性较高部位的防火分隔

9. 电梯井等竖井

建筑内的电梯井等竖井应符合下列规定：

（1）电梯井应独立设置，井内严禁敷设可燃气体和甲、乙、丙类液体管道，不应敷设与电梯无关的电缆、电线等。电梯井的井壁除设置电梯门、安全逃离出口通向洞外，不应设置其他开口。

（2）电缆井、管道井、排烟道、排气道、垃圾道等竖向井道，应分别独立设置。井壁的耐火极限不应低于1.00 h，井壁上的检查门应采用丙级防火门。

（3）建筑内的电缆井、管道井应在每层楼板处采用不低于楼板耐火极限的不燃材料或防火封堵材料封堵。

建筑内的电缆井、管道井与房间、走道等相连通的孔隙应采用防火封堵材料封堵，如图 2-26 所示。

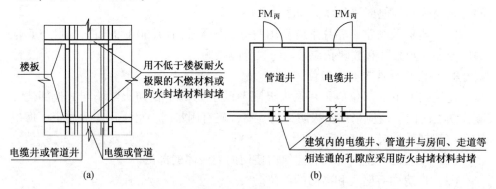

图 2-26　防火封堵材料封堵

10. 闷顶

（1）在三、四级耐火等级建筑的闷顶内采用可燃材料作绝热层时，屋顶不应采用冷摊瓦。

闷顶内的非金属烟囱周围 0.5 m、金属烟囱 0.7 m 范围内，应采用不燃材料作绝热栏。

（2）层数超过 2 层的三级耐火等级建筑内的闷顶，应在每个防火隔断范围内设置老虎窗，且老虎窗的间距不宜大于 50 m，如图 2-27 所示。

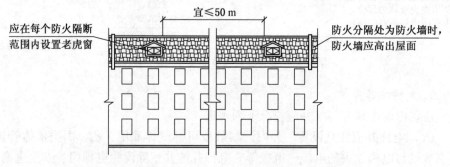

图 2-27　层数超过 2 层的三级耐火等级建筑内闷顶防火分隔

（3）内有可燃物的闷顶，应在每个防火隔断范围内设置净宽度和净高度均不小于 0.7 m 的闷顶入口；对于公共建筑，每个防火隔断范围内的闷顶入口不宜少于 2 个。闷顶入口宜布置在走廊中靠近楼梯间的部位，如图 2-28 所示。

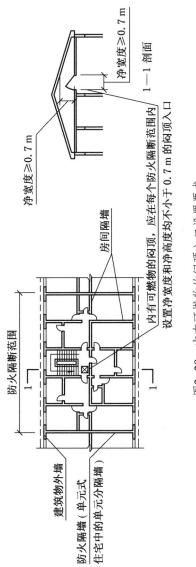

图2-28　内有可燃物的闷顶入口设置要求

第五节 安全疏散设施

安全疏散设施设计的审查应依据《建规》。

一、疏散人数的确定

人员容量的计算式为

$$疏散人数 = 人员密度 \times 建筑面积$$

人员密度是指单位建筑使用面积的人数，单位为人/m^2。有时也用其倒数表示，单位为 m^2/人。

（一）人员密度

1. 商场的人员密度（《建规》5.5.21）

商店的疏散人数应按每层营业厅的建筑面积乘以表2-15规定的人员密度计算。对于建材商店、家具和灯饰展示建筑，其人员密度可按表2-15中规定值的30%确定。

表2-15 商店营业厅内的人员密度 人/m^2

楼层位置	人员密度	楼层位置	人员密度
地下二层	0.56	地上三层	0.39~0.54
地下一层	0.60	地上四层及以上各层	0.30~0.42
地上一、二层	0.43~0.60		

2. 歌舞娱乐放映游艺场所的人员密度

录像厅、放映厅的疏散人数应根据厅、室的建筑面积按1.0人/m^2计算，其他歌舞娱乐放映游艺场所的疏散人数应根据厅、室的建筑面积按0.5人/m^2计算。

3. 其他

有固定座位的场所，其疏散人数可按实际座位数的1.1倍计算。

展览厅的人员密度宜按0.75人/m^2确定。

（二）建筑面积的确定

（1）对于歌舞娱乐、放映、游艺场所，在计算疏散人数时，可以不计算疏散走道、卫生间等辅助用房的建筑面积，而只根据该场所内各厅室的建筑面积确定，内部服务和管理人员的数量可根据核定人数确定。

（2）对于商店建筑的疏散人数计算中选取的"营业厅的建筑面积"，包括营业厅内展示货架、柜台、走道等顾客参与购物的场所，以及营业厅内的卫生间、楼梯间、自动扶梯等的建筑面积。对于采用防火分隔措施分隔开且疏散时无须进入营业厅内的仓储、设备房、工具间、办公室等可不计入该建筑面积内。

（3）对于一座商店建筑内设置有多种商业用途的情况，考虑到不同用途区域可能会随经营状况或经营者的变化而变化，尽管部分区域可能用于家具、建材经销等类似用途，但人员密度仍须按照该建筑的主要商业用途来确定。

二、百人宽度指标的确定

我国现行规范根据允许疏散时间来确定疏散通道的百人宽度指标，从而计算出安全出口的总宽度，即实际需要设计的最小宽度。

百人宽度指标是每100人在允许疏散时间内，以单股人流形式疏散所需的疏散宽度。

（一）厂房（《建规》3.7.5）

厂房内疏散楼梯、走道、门的各自总净宽度，应根据疏散人数按每100人的最小疏散净宽度不小于表2-16的规定计算确定。

表2-16　厂房内疏散楼梯、走道和门的每100人最小疏散净宽度

厂房层数/层	每100人最小疏散净宽度/m
1~2	0.6
3	0.8
≥4	1

（二）剧场、电影院、礼堂、体育馆（《建规》5.5.20）

剧场、电影院、礼堂、体育馆等场所的疏散走道、疏散楼梯、疏散门、安全出口的各自总净宽度，应符合下列规定：

（1）观众厅内疏散走道的净宽度应按每100人不小于0.60 m计算，且不应小于1.00 m；边走道的净宽度不宜小于0.80 m。

布置疏散走道时，横走道之间的座位排数不宜超过20排；纵走道之间的座位数：剧场、电影院、礼堂等，每排不宜超过22个；体育馆，每排不宜超过26个；前后排座椅的排距不小于0.90 m时，可增加1.0倍，但不得超过50个；仅一侧有纵走道时，座位数应减少一半。

（2）剧场、电影院、礼堂等场所供观众疏散的所有内门、外门、楼梯和走道的各自总净宽度，应根据疏散人数按每100人的最小疏散净宽度不小于表2-17的规定计算确定。

表2-17 剧场、电影院、礼堂等场所每100人所需最小疏散净宽度

观众厅座位数			≤2500个	≤1200个
耐火等级			一、二级	三级
疏散部位	门和走道	平坡地面	0.65 m	0.85 m
		阶梯地面	0.75 m	1.00 m
	楼　梯		0.75 m	1.00 m

（3）体育馆供观众疏散的所有内门、外门、楼梯和走道的各自总净宽度，应根据疏散人数按每100人的最小疏散净宽度不小于表2-18的规定计算确定。

表2-18 体育馆每100人所需最小疏散净宽度

观众厅座位数			3000~5000个	5001~10000个	10001~20000个
疏散部位	门和走道	平坡地面	0.43 m	0.37 m	0.32 m
		阶梯地面	0.50 m	0.43 m	0.37 m
	楼　梯		0.50 m	0.43 m	0.37 m

注：本表中对应较大座位数范围按规定计算的疏散总净宽度，不应小于对应相邻较小座位数范围按其最多座位数计算的疏散总净宽度。对于观众厅座位数少于3000个的体育馆，计算供观众疏散的所有内门、外门、楼梯和走道的各自总净宽度时，每100人的最小疏散净宽度不应小于表2-17的规定。

（三）除剧场、电影院、礼堂、体育馆外的其他公共建筑（《建规》5.5.21）

除剧场、电影院、礼堂、体育馆外的其他公共建筑，其房间疏散门、安全出口、疏散走道和疏散楼梯的各自总净宽度，应符合下列规定：

（1）每层的房间疏散门、安全出口、疏散走道和疏散楼梯的各自总净宽度，应根据疏散人数按每100人的最小疏散净宽度不小于表2-19的规定计算确定。

表2-19 每层的房间疏散门、安全出口、疏散走道和疏散楼梯的每100人最小疏散净宽度

m

建筑层数	建筑的耐火等级	一、二级	三级	四级
地上楼层	1~2层	0.65	0.75	1.00
	3层	0.75	1.00	—
	≥4层	1.00	1.25	—
地下楼层	与地面出入口地面的高差 ΔH≤10 m	0.75	—	—
	与地面出入口地面的高差 ΔH>10 m	1.00	—	—

（2）地下或半地下人员密集的厅、室和歌舞娱乐放映游艺场所，其房间疏散门、安全出口、疏散走道和疏散楼梯的各自总净宽度，应根据疏散人数按每100人不小于1.00 m计算确定。

三、安全出口数量

（一）重点内容

每个防火分区以及同一防火分区的不同楼层的安全出口不应少于2个，当只设置1个安全出口时，应该符合规范规定的设置1个安全出口的条件。只设1个安全出口条件审查要点见表2-20。

表2-20　只设一个安全出口条件审查要点

类别	审　查　要　点	对应规范条目
厂房	（1）甲类厂房，每层建筑面积≤100 m²，且同一时间的作业人数≤5人。 （2）乙类厂房，每层建筑面积≤150 m²，且同一时间的作业人数≤10人。 （3）丙类厂房，每层建筑面积≤250 m²，且同一时间的作业人数≤20人。 （4）丁、戊类厂房，每层建筑面积≤400 m²，且同一时间的作业人数≤30人。 （5）地下或半地下厂房（包括地下或半地下室），每层建筑面积≤50 m²，且同一时间的作业人数≤15人	《建规》3.7.2
仓库	（1）当一座仓库的占地面积≤300 m²时，可设置1个安全出口。 （2）当防火分区的建筑面积≤100 m²时，可设置1个安全出口。通向疏散走道或楼梯的门应为乙级防火门。 （3）地下或半地下仓库（包括地下或半地下室）的安全出口不应少于2个；当建筑面积≤100 m²时，可设置1个安全出口	《建规》3.8.2
公共建筑	符合下列条件之一的公共建筑，可设置1个安全出口或1部疏散楼梯： （1）除托儿所、幼儿园外，建筑面积不大于200 m²且人数不超过50人的单层公共建筑或多层公共建筑的首层。 （2）除医疗建筑，老年人照料设施，托儿所、幼儿园的儿童用房，儿童游乐厅等儿童活动场所和歌舞娱乐放映游艺场所等外，符合《建规》5.5.8规定的公共建筑	《建规》5.5.8

表 2-20（续）

类别	审 查 要 点	对应规范条目
住宅	（1）建筑高度不大于 27 m 的建筑，当每个单元任一层的建筑面积不大于 650 m²，或任一户门至最近安全出口的距离不大于 15 m 时，每个单元每层的安全出口可设 1 个。 （2）建筑高度大于 27 m、不大于 54 m 的建筑，当每个单元任一层的建筑面积不大于 650 m²，或任一户门至最近安全出口的距离不大于 10 m 时，每个单元每层的安全出口可设 1 个	《建规》5.5.25
设置原则	安全出口应分散布置。每个防火分区或一个防火分区的每个楼层，其相邻 2 个安全出口最近边缘之间的水平距离不应小于 5 m（适用于所有建筑）	《建规》3.7.1、3.8.1、5.5.2

（二）难点剖析

1. 地下工业建筑借用安全出口问题（《建规》3.7.3、3.8.3）

地下或半地下厂房、仓库（包括地下或半地下室），每个防火分区可利用防火墙上通向相邻防火分区的甲级防火门作为第二安全出口，但每个防火分区必须至少有 1 个直通室外的安全出口，如图 2-29 所示。

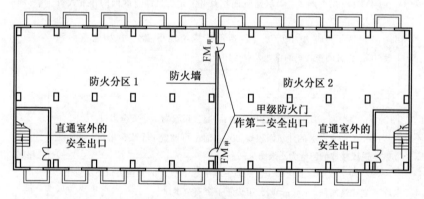

图 2-29　地下工业建筑借用安全出口的设计

2. 公共建筑借用安全出口问题（《建规》5.5.9）

（1）利用通向相邻防火分区的甲级防火门作为安全出口时，应采用防火墙与相邻防火分区进行分隔。

（2）建筑面积大于 1000 m² 的防火分区，直通室外的安全出口不应少于 2 个；建筑面积不大于 1000 m² 的防火分区，直通室外的安全出口不应少于 1 个。

（3）该防火分区通向相邻防火分区的疏散净宽度不应大于按照《建规》

5.5.21 规定计算所需疏散总净宽度的 30%，建筑各层直通室外的安全出口总净宽度不应小于按照《建规》5.5.21 规定计算所需疏散总净宽度。

四、安全出口的疏散净宽度

（一）疏散总净宽度（《建规》5.5.21）

除剧场、电影院、礼堂、体育馆外的其他公共建筑，其房间疏散门、安全出口、疏散走道和疏散楼梯的各自总净宽度，应符合下列规定：

（1）当每层疏散人数不等时，疏散楼梯的总净宽度可分层计算，地上建筑内下层楼梯的总净宽度应按该层及以上疏散人数最多一层的人数计算；地下建筑内上层楼梯的总净宽度应按该层及以下疏散人数最多一层的人数计算。

（2）首层外门的总净宽度应按该层及以上疏散人数最多一层的疏散人数计算，不供其他楼层人员疏散的外门，可按本层的疏散人数计算确定。

（3）首层外门的总净宽度应按该建筑疏散人数最多一层的人数计算确定，不供其他楼层人员疏散的外门，可按本层的疏散人数计算确定。

（二）最小净宽度（《建规》3.7.5、5.5.18、5.5.19、5.5.30）

1. 一般要求

各类建筑疏散楼梯、楼梯间的首层疏散门、首层疏散外门和疏散走道的最小净宽度见表 2-21。

表 2-21　各类建筑疏散走道、疏散楼梯、疏散门的最小净宽度

建筑类别	疏散走道		疏散楼梯，楼梯间的首层疏散门、首层疏散外门	
	单面布房	双面布房		
高层医疗建筑	1.40 m	1.50 m	1.30 m	
其他高层公共建筑	1.30 m	1.40 m	1.20 m	
单、多层公共建筑	1.10 m		除《建规》另有规定外，疏散门和安全出口的最小净宽度不应小于 0.90 m，疏散楼梯的最小净宽度不应小于 1.10 m	
厂房	1.40 m		1.10 m（疏散楼梯）、0.90 m（疏散门）、1.20 m（首层外门）	
住宅	1.10 m		户门+安全出口	0.90 m
			首层疏散外门、疏散楼梯	1.10 m
			特殊：建筑高度不大于 18 m 的住宅中一边设置栏杆的疏散楼梯，其最小净宽度不应小于 1.0 m	

2. 人员密集的公共场所、观众厅

（1）人员密集的公共场所、观众厅的疏散门不应设置门槛，其净宽度不应小于 1.40 m，且紧靠门口内外各 1.40 m 范围内不应设置踏步，如图 2-30 所示。

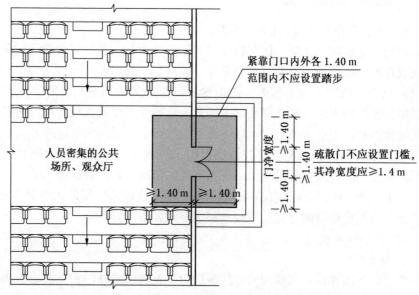

图 2-30　人员密集的公共场所、观众厅的疏散门的设置要求

（2）人员密集的公共场所的室外疏散通道的净宽度不应小于 3.00 m，并应直接通向宽敞地带，如图 2-31 所示。

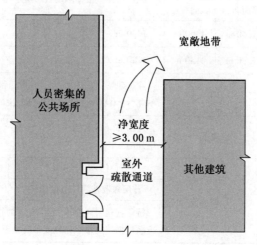

图 2-31　人员密集的公共场所的室外疏散通道的净宽度

五、疏散门

(一) 公共建筑内房间疏散门数量

公共建筑内房间的疏散门数量应经计算确定且不应少于 2 个。公共建筑可设置 1 个疏散门的审查要点见表 2-22。

表 2-22　公共建筑可设置 1 个疏散门的审查要点

重点内容		审 查 要 点	对应规范条目
房间位置	位于 2 个安全出口之间或袋形走道两侧的房间	对于托儿所、幼儿园、老年人照料设施,建筑面积不大于 50 m²;对于医疗建筑、教学建筑,建筑面积不大于 75 m²;对于其他建筑或场所,建筑面积不大于 120 m²	《建规》5.5.15。除托儿所、幼儿园、老年人照料设施、医疗建筑、教学建筑内位于走道尽端的房间外
	位于走道尽端的房间	建筑面积小于 50 m² 且疏散门的净宽度不小于 0.90 m,或由房间内任一点至疏散门的直线距离不大于 15 m、建筑面积不大于 200 m² 且疏散门的净宽度不小于 1.40 m	
	歌舞娱乐放映游艺场所	歌舞娱乐放映游艺场所内建筑面积不大于 50 m² 且经常停留人数不超过 15 人的厅、室	
设置原则		每个房间相邻两个疏散门最近边缘之间的水平距离不应小于 5 m	《建规》5.5.2

(二) 疏散门开启方向 (《建规》6.4.11)

(1) 民用建筑和厂房的疏散门,应采用向疏散方向开启的平开门,不应采用推拉门、卷帘门、吊门、转门和折叠门。除甲、乙类生产车间外,人数不超过 60 人且每樘门的平均疏散人数不超过 30 人的房间,其疏散门的开启方向不限。

(2) 仓库的疏散门应采用向疏散方向开启的平开门,但丙、丁、戊类仓库首层靠墙的外侧可采用推拉门或卷帘门。

六、安全疏散距离

(一) 各类建筑的安全疏散距离审查要点

1. 厂房 (《建规》3.7.4)

厂房内任一点至最近安全出口的直线距离不应大于表 2-23 的规定。

表2-23　厂房内任一点至最近安全出口的直线距离　　　　　　　m

生产的火灾危险性类别	耐火等级	单层厂房	多层厂房	高层厂房	地下或半地下厂房（包括地下或半地下室）
甲	一、二级	30	25	—	—
乙	一、二级	75	50	30	—
丙	一、二级	80	60	40	30
	三级	60	40		
丁	一、二级	不限	不限	50	45
	三级	60	50		
	四级	50	—		
戊	一、二级	不限	不限	75	60
	三级	100	75		
	四级	60	—		

厂房内任一点至最近安全出口的直线距离，如图2-32所示。

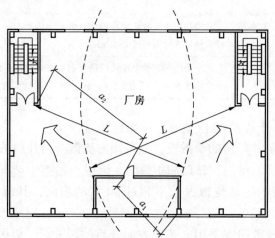

注：1. 本图为二层平面示意图。
　　2. L为厂房内任一点至最近安全出口的直线距离。
　　3. $a_1 + a_2 \leqslant L$。

图2-32　厂房的安全距离

2. 公共建筑（《建规》5.5.17）

（1）直通疏散走道的房间疏散门至最近安全出口的直线距离不应大于表2-

24 的规定。

表 2-24　直通疏散走道的房间疏散门至最近安全出口的直线距离　　　　m

名　称		位于两个安全出口之间的疏散门			位于袋形走道两侧或尽端的疏散门		
		一、二级	三级	四级	一、二级	三级	四级
托儿所、幼儿园		25	20	15	20	15	10
歌舞娱乐放映游艺场所		25	20	15	9	—	—
医疗建筑	单、多层	35	30	25	20	15	10
	高层　病房部分	24	—	—	12	—	—
	高层　其他部分	30	—	—	15	—	—
教学建筑	单、多层	35	30	25	22	20	10
	高层	30	—	—	15	—	—
高层旅馆、公寓、展览建筑		30	—	—	—	—	—
其他建筑	单、多层	40	35	25	22	20	15
	高层	40	—	—	20	—	—

（2）楼梯间应在首层直通室外，确有困难时，可在首层采用扩大的封闭楼梯间或防烟楼梯间前室。当层数不超过 4 层且未采用扩大的封闭楼梯间或防烟楼梯间前室时，可将直通室外的门设置在离楼梯间不大于 15 m 处，如图 2-33 所示。

（3）房间内任一点至房间直通疏散走道的疏散门的直线距离，不应大于表 2-24 规定的袋形走道两侧或尽端的疏散门至最近安全出口的直线距离。

（4）一、二级耐火等级建筑内疏散门或安全出口不少于 2 个的观众厅、展览厅、多功能厅、餐厅、营业厅等，其室内任一点至最近疏散安全出口的直线距离不应大于 30 m；当疏散门不能直通室外地面或疏散楼梯间时，应采用长度不大于 10 m 的疏散走道通至最近的安全出口。

3. 住宅（《建规》5.5.29）

直通疏散走道的户门至最近安全出口的直线距离不应大于《建规》表 5.5.29 的规定。

（1）跃廊式住宅的户门至最近安全出口的距离，应从户门算起，小楼梯的一段距离可按其水平投影长度的 1.50 倍计算，如图 2-34 所示。

（2）跃层式住宅，户内楼梯的距离可按其梯段水平投影长度的 1.50 倍计算。

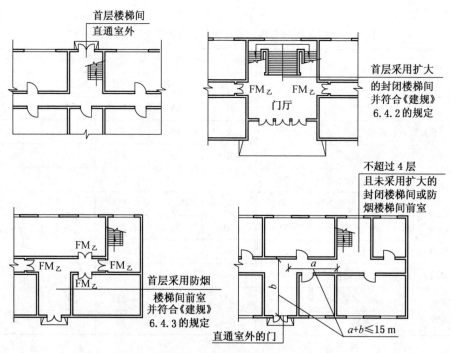

图 2-33 不超过 4 层且未采用扩大封闭楼梯间或防烟楼梯间前室的设计方法

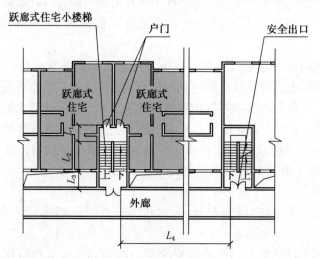

注：跃廊式住宅户门至最近安全出口的直线距离 $L=L_1+1.5L_2+L_3+L_4$。

图 2-34 跃廊式住宅的户门至最近安全出口距离的计算方法

（二）难点剖析

（1）建筑内开向敞开式外廊的房间疏散门至最近安全出口的直线距离可按《建规》表 5.5.17 和表 5.5.29 的规定增加 5 m。

（2）全部设置自动喷水灭火系统时，其安全疏散距离可按《建规》表 5.5.17 和表 5.5.29 的规定增加 25%。

（3）直通疏散走道的房间疏散门至最近敞开楼梯间的直线距离，当房间位于两个楼梯间之间时，应按《建规》表 5.5.17 和表 5.5.29 的规定减少 5 m；当房间位于袋形走道两侧或尽端时，应按《建规》表 5.5.17 和表 5.5.29 的规定减少 2 m。

当设置自动喷水灭火系统时，上述安全疏散距离应该分别为 $1.25x-5$ 和 $1.25y-2$（x、y 分别为《建规》表 5.5.17 和表 5.5.29 中规定距离）。

提示：上述规定对住宅、公共建筑均适用。

七、疏散楼梯

（一）设置形式

疏散楼梯设置形式的审查要点见表 2-25。

表 2-25　疏散楼梯设置形式的审查要点

建筑类型		审　查　要　点	对应规范条目
厂房		（1）高层厂房和甲、乙、丙类多层厂房应采用封闭楼梯间或室外楼梯。 （2）建筑高度大于 32 m 且任一层人数超过 10 人的厂房，应采用防烟楼梯间或室外楼梯	《建规》3.7.6
仓库		高层仓库应采用封闭楼梯间	《建规》3.8.7
公共建筑	封闭楼梯间	裙房和建筑高度不大于 32 m 的二类高层公共建筑	《建规》5.5.12
		下列多层公共建筑的疏散楼梯，除与敞开式外廊直接相连的楼梯间外，均应采用封闭楼梯间： （1）医疗建筑、旅馆及类似使用功能的建筑。 （2）设置歌舞娱乐放映游艺场所的建筑。 （3）商店、图书馆、展览建筑、会议中心及类似使用功能的建筑。 （4）6 层及以上的其他建筑	《建规》5.5.13
	防烟楼梯间	一类高层公共建筑和建筑高度大于 32 m 的二类高层公共建筑	《建规》5.5.12

表 2-25（续）

建筑类型	审 查 要 点	对应规范条目
住宅	（1）建筑高度≤21 m，可采用敞开楼梯间；与电梯井相邻布置的疏散楼梯应采用封闭楼梯间，当户门采用乙级防火门时，仍可采用敞开楼梯间。 （2）21 m＜建筑高度≤33 m，应采用封闭楼梯间；当户门采用乙级防火门时，可采用敞开楼梯间。 （3）建筑高度＞33 m，应采用防烟楼梯间；同一楼层或单元的户门不宜直接开向前室，确有困难时，每层开向同一前室的户门不应大于 3 樘且应采用乙级防火门	《建规》5.5.27
地下或半地下建筑(室)	（1）室内地面与室外出入口地坪高差大于 10 m 或 3 层及以上的地下、半地下建筑（室），应采用防烟楼梯间。 （2）其他地下或半地下建筑（室），应采用封闭楼梯间。 （3）应在首层采用耐火极限不低于 2.00 h 的防火隔墙与其他部位分隔并应直通室外，确需在隔墙上开门时，应采用乙级防火门	《建规》6.4.4

（二）技术要求

疏散楼梯设置技术要求的审查要点见表 2-26。

表 2-26　疏散楼梯设置技术要求的审查要点

类型	审 查 要 点	对应规范条目
封闭楼梯间	（1）不能自然通风或自然通风不能满足要求时，应设置机械加压送风系统或采用防烟楼梯间。 （2）除楼梯间的出入口和外窗外，楼梯间的墙上不应开设其他门、窗、洞口。 （3）高层建筑、人员密集的公共建筑、人员密集的多层丙类厂房、甲、乙类厂房，其封闭楼梯间的门应采用乙级防火门，并应向疏散方向开启；其他建筑，可采用双向弹簧门。 （4）楼梯间的首层可将走道和门厅等包括在楼梯间内形成扩大的封闭楼梯间，但应采用乙级防火门等与其他走道和房间分隔	《建规》6.4.2
防烟楼梯间	（1）应设置防烟设施，前室可与消防电梯间前室合用。 （2）前室的使用面积：公共建筑、高层厂房（仓库），不应小于 6.0 m²；住宅建筑，不应小于 4.5 m²。 （3）与消防电梯间前室合用前室的使用面积：公共建筑、高层厂房（仓库），不应小于 10.0 m²；住宅建筑，不应小于 6.0 m²。 （4）疏散走道通向前室以及前室通向楼梯间的门应采用乙级防火门。 （5）楼梯间的首层可将走道和门厅等包括在楼梯间前室内形成扩大的前室，但应采用乙级防火门等与其他走道和房间分隔	《建规》6.4.3

表 2-26（续）

类型	审 查 要 点	对应规范条目
室外疏散楼梯	（1）栏杆扶手的高度不应小于 1.10 m，楼梯的净宽度不应小于 0.90 m。 （2）倾斜角度不应大于 45°。 （3）梯段和平台均应采用不燃材料制作。平台的耐火极限不应低于 1.00 h，梯段的耐火极限不应低于 0.25 h。 （4）通向室外楼梯的门应采用乙级防火门，并应向外开启。 （5）除疏散门外，楼梯周围 2 m 内的墙面上不应设置门、窗、洞口。疏散门不应正对梯段	《建规》6.4.5
一般原则	除通向避难层错位的疏散楼梯外，建筑内的疏散楼梯间在各层的平面位置不应改变	《建规》6.4.4
	疏散楼梯间应符合下列规定： （1）楼梯间应能天然采光和自然通风，并宜靠外墙设置。靠外墙设置时，楼梯间、前室及合用前室外墙上的窗口与两侧门、窗、洞口最近边缘的水平距离不应小于 1.0 m。 （2）封闭楼梯间、防烟楼梯间及其前室，不应设置卷帘	《建规》6.4.1

（三）剪刀楼梯

住宅与高层公共建筑的剪刀楼梯的审查要点见表 2-27。

表 2-27　住宅与高层公共建筑的剪刀楼梯的审查要点

重点内容	住宅的剪刀楼梯	高层公共建筑的剪刀楼梯
设置条件	当分散设置确有困难且任一户门至最近疏散楼梯间入口的距离不大于 10 m 时，可采用剪刀楼梯间	
设置要求	（1）应采用防烟楼梯间。 （2）梯段之间应设置不低于 1.00 h 的防火隔墙。 （3）楼梯间的前室不宜共用，共用时使用面积不应小于 6.0 m²。 （4）楼梯间的前室或共用前室不宜与消防电梯的前室合用；共用前室与消防电梯的前室合用时，使用面积不应小于 12.0 m²，且短边不应小于 2.4 m	（1）楼梯间应为防烟楼梯间。 （2）梯段之间应设置耐火极限不低于 1.00 h 的防火隔墙。 （3）楼梯间的前室应分别设置。 （4）楼梯间内的加压送风系统不应合用

注意区分住宅和公共建筑设置剪刀楼梯的不同要求。

（四）其他要求（《建规》6.4.7、6.4.8）

（1）疏散用楼梯和疏散通道上的阶梯不宜采用螺旋楼梯和扇形踏步；确需采用时，踏步上、下两级所形成的平面角度不应大于 10°，且每级离扶手 250 mm

处的踏步深度不应小于 220 mm。

（2）建筑内的公共疏散楼梯，其两梯段及扶手间的水平净距不宜小于 150 mm。

八、避难走道、避难层和避难间

避难走道、避难层和避难间的审查要点见表 2-28。

表 2-28　避难走道、避难层和避难间审查要点

类型		审　查　要　点	对应规范条目
避难走道		（1）避难走道两侧为不应低于 3.00 h 的防火隔墙；楼板耐火极限不应低于 1.50 h。 （2）避难走道直通地面的出口不应少于 2 个，并应设置在不同方向；当避难走道仅与 1 个防火分区相通且该防火分区至少有 1 个直通室外的安全出口时，可设置 1 个直通地面的出口。任一防火分区通向避难走道的门至该避难走道最近直通地面的出口的距离不应大于 60 m。 （3）防火分区至避难走道入口处应设置防烟前室，前室的使用面积不应小于 6.0 m²，开向前室的门应采用甲级防火门，前室开向避难走道的门应采用乙级防火门	《建规》6.4.14
避难层（间）	平面布置	第一个避难层（间）的楼地面至灭火救援场地地面的高度不应大于 50 m，两个避难层（间）之间的高度不宜大于 50 m	《建规》5.5.23
	疏散楼梯	通向避难层的疏散楼梯应在避难层分隔、同层错位或上、下层断开	
	净面积	应能满足设计避难人数避难的要求，并宜按 5.0 人/m² 计算	
	兼作他用	（1）设备管道宜集中布置，其中的易燃、可燃液体或气体管道应集中布置，设备管道区应采用耐火极限不低于 3.00 h 的防火隔墙与避难区分隔。 （2）管道井和设备间应采不低于 2.00 h 的防火隔墙与避难区分隔，管道井和设备间的门不应直接开向避难区；确需直接开向避难区时，与避难层区出入口的距离不应小于 5 m，且应采用甲级防火门	
	设置范围	建筑高度大于 100 m 的公共建筑和住宅建筑，应设置避难层(间)	
高层病房楼避难间	面积大小	避难间服务的护理单元不应超过 2 个，其净面积应按每个护理单元不小于 25.0 m² 确定	《建规》5.5.24
	防火分隔	应靠近楼梯间，并应采用不低于 2.00 h 的防火隔墙和甲级防火门与其他部位分隔	
	设置范围	高层病房楼应在二层及以上的病房楼层和洁净手术部设置避难间	

第六节　灭火救援设施

灭火救援设施主要包括：消防车道、灭火救援场地和入口、消防电梯和直升机停机坪等。

灭火救援设施的审查应依据《建规》。

一、重点内容

（一）消防车道

消防车道的审查要点见表2-29。

表2-29　消防车道的审查要点

重点内容		审　查　要　点		对应规范条目
环形消防车道	民用建筑	单、多层公共建筑	>3000个座位的体育馆	《建规》7.1.2。确有困难时，可沿建筑的两个长边设置消防车道
			>2000个座位的会堂	
			占地面积>3000 m² 的商店建筑、展览建筑	
		高层建筑	均应设置	
	厂房	单、多层厂房	占地面积>3000 m² 的甲、乙、丙类厂房	
		高层厂房	均应设置	
	仓库	占地面积>1500 m² 的乙、丙类仓库		
技术参数	（1）净宽度和净空高度≥4.0 m。 （2）距离建筑外墙距离不宜小于5 m。 （3）坡度不宜大于8%。 （4）回车场的面积一般不应小于12 m×12 m；对于高层建筑，不宜小于15 m×15 m；供重型消防车使用时，不宜小于18 m×18 m。 （5）边缘与可燃材料堆垛的距离不应小于5 m。 （6）边缘与取水点距离不宜大于2 m			《建规》7.1.7~7.1.9 《建规》5.5.2

（二）灭火救援场地和入口

灭火救援场地和入口主要是指消防车登高操作面、消防车登高操作场地和灭火救援窗，其审查要点见表2-30。

表2-30 消防车登高操作面、消防车登高操作场地和灭火救援窗的审查要点

重点内容	审 查 要 点	对应规范条目
消防车登高操作面	（1）高层建筑应至少沿一个长边或周边长度的1/4且不小于一个长边长度的底边连续布置消防车登高操作场地，该范围内的裙房进深不应大于4 m。 （2）建筑高度不大于50 m的建筑，连续布置消防车登高操作场地确有困难时，可间隔布置，但间隔距离不宜大于30 m，且消防车登高操作场地的总长度仍应符合上述规定。 建筑高度大于50 m的建筑，必须连续布置	《建规》7.2.1
消防车登高操作场地	（1）场地的长度和宽度分别不应小于15 m和10 m。对于建筑高度大于50 m的建筑，场地的长度和宽度均不应小于20 m和10 m。 （2）场地应与消防车道连通，场地靠建筑外墙一侧的边缘距离建筑外墙不宜小于5 m，且不应大于10 m，场地的坡度不宜大于3%。 （3）建筑物与消防车登高操作场地相对应的范围内，应设置直通室外的楼梯或直通楼梯间的入口	《建规》7.2.2、7.2.3
灭火救援窗	（1）厂房、仓库、公共建筑的外墙应在每层的适当位置设置可供消防救援人员进入的窗口。 （2）窗口的净高度和净宽度均不应小于1.0 m，下沿距室内地面不宜大于1.2 m，间距不宜大于20 m且每个防火分区不应少于2个。 （3）设置位置应与消防车登高操作场地相对应	《建规》7.2.4、7.2.5

（三）消防电梯

消防电梯的审查要点见表2-31。

表2-31 消防电梯的审查要点

重点内容		审 查 要 点	对应规范条目
应设置消防电梯	住宅建筑	建筑高度>33 m	《建规》7.3.1
	公共建筑	（1）一类高层公共建筑。 （2）建筑高度>32 m的二类高层公共建筑	
	地下或半地下建筑（室）	（1）地上部分设置消防电梯的建筑。 （2）埋深>10 m且总建筑面积>3000 m²	
	高层厂房（仓库）	建筑高度>32 m且设置电梯（符合《建规》7.3.3的规定可不设置）	

表 2-31（续）

重点内容		审　查　要　点		对应规范条目
设置要求	数量	（1）应分别设置在不同防火分区内，且每个防火分区不应少于 1 台。 （2）建筑高度大于 32 m 且设置电梯的高层厂房（仓库），每个防火分区内宜设置 1 台消防电梯		《建规》7.3.2、7.3.3
	距离	前室宜靠外墙设置，并应在首层直通室外或经过长度不大于 30 m 的通道通向室外		《建规》7.3.5
	前室使用面积	单独	≥6 m²，前室的短边不应小于 2.4 m	《建规》7.3.5
		合用	公共建筑、高层厂房（仓库）：≥10 m²。 住宅建筑： （1）≥6 m²（与消防电梯前室合用）。 （2）≥12 m²，且短边不应小于 2.4 m（公共前室与剪刀防烟楼梯间前室合用）	
	排水量	排水井的容量不应小于 2 m³，排水泵的排水量不应小于 10 L/s		

（四）直升机停机坪（《建规》7.4）

建筑高度大于 100 m 且标准层建筑面积大于 2000 m² 的公共建筑，宜在屋顶设置直升机停机坪或供直升机救助的设施。

（1）设置在屋顶平台上时，距离设备机房、电梯机房、水箱间、共用天线等突出物不应小于 5 m。

（2）建筑通向停机坪的出口不应少于 2 个，每个出口的宽度不宜小于 0.90 m。

（3）四周应设置航空障碍灯，并应设置应急照明。

（4）在停机坪的适当位置应设置消火栓。

二、难点剖析

（一）高层住宅建筑和山坡地或河道边临空建造的高层民用建筑

对于高层住宅建筑和山坡地或河道边临空建造的高层民用建筑，可沿建筑的一个长边设置消防车道，但该长边所在建筑立面应为消防车登高操作面。

（二）进入建筑物内院的消防车道

有封闭内院或天井的建筑物，当内院或天井的短边长度大于 24 m 时，宜设置进入内院或天井的消防车道，如图 2-35 所示。

当该建筑物沿街时，应设置连通街道和内院的人行通道（可利用楼梯间），其间距不宜大于 80 m，如图 2-36 所示。

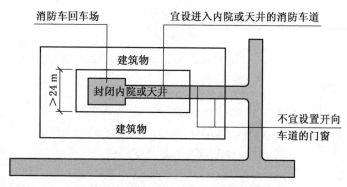

图 2-35 进入内院或天井的消防车道

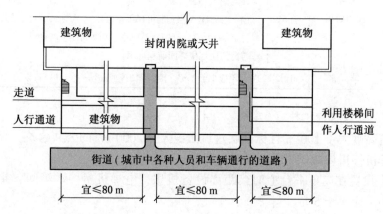

图 2-36 设置连通街道和内院的人行通道间距要求

（三）环形消防车道应与其他车道连通

环形消防车道至少应有两处与其他车道连通，如图 2-37 所示。

图 2-37 环形消防车道至少应有两处与其他车道连通

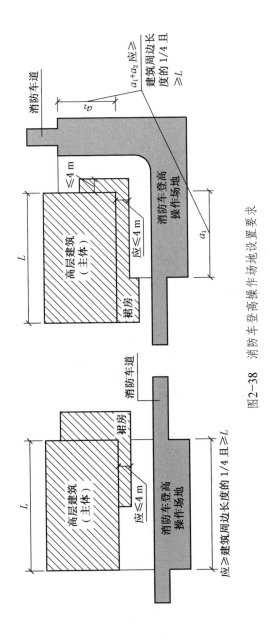

图2-38 消防车登高操作场地设置要求

（四）消防车登高操作面

高层建筑应至少沿一个长边或周边长度的 1/4 且不小于一个长边长度的底边连续布置消防车登高操作场地，该范围内的裙房进深不应大于 4 m，如图 2-38 所示。

（五）消防车登高操作场地

（1）建筑高度不大于 50 m 的建筑，连续布置消防车登高操作场地确有困难时，可间隔布置，但间隔距离不宜大于 30 m，且消防车登高操作场地的总长度仍应符合上述规定。

建筑高度大于 50 m 的建筑，必须连续布置。

（2）场地的长度和宽度分别不应小于 15 m 和 10 m。对于建筑高度大于 50 m 的建筑，场地的长度和宽度均不应小于 20 m 和 10 m。

建筑高度不大于 50 m 的建筑，消防车登高操作场地设计如图 2-39 所示。

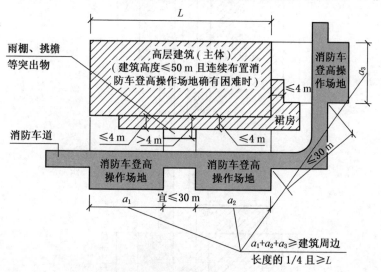

注：1. L 为高层建筑主体的一个长边长度，"建筑周边长度"
应为高层建筑主体的周边长度。
2. 消防车登高操作场地的有效计算长度（a_1，a_2，a_3…）
应在高层建筑主体的对应范围内。

图 2-39　消防车登高操作场地的间隔距离

（六）消防电梯

（1）除前室的出入口、前室内设置的正压送风口和《建规》5.5.27 规定的户门外，前室内不应开设其他门、窗、洞口。

（2）前室或合用前室的门应采用乙级防火门，不应设置卷帘，如图 2-40 所示。

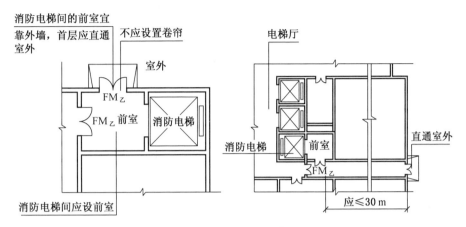

注：本图为首层平面示意图。

图 2-40　前室或合用前室的门的设置要求

（3）消防电梯井、机房与相邻电梯井、机房之间应设置耐火极限不低于 2.00 h 的防火隔墙，隔墙上的门应采用甲级防火门，如图 2-41 所示。

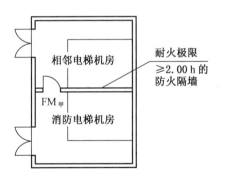

图 2-41　防火隔墙的设置要求

第七节　建　筑　防　爆

建筑防爆的审查应依据《建规》。

一、重点审查内容

有爆炸危险的甲、乙类厂库房的总平面布局和空间布置的审查要点见表2-32。

表2-32　有爆炸危险的甲、乙类厂库房的总平面布局和空间布置的审查要点

类型	审查要点	对应规范条目
结构	（1）有爆炸危险的甲、乙类厂房宜独立设置，并宜采用敞开或半敞开式。 （2）其承重结构宜采用钢筋混凝土或钢框架、排架结构	《建规》3.6.1
地下	甲、乙类厂库房不应设置在地下或半地下	《建规》3.3.4
变、配电站	（1）不应设置在甲、乙类厂房内或贴邻，且不应设置在爆炸性气体、粉尘环境的危险区域内。 （2）供甲、乙类厂房专用的10 kV及以下的变、配电站，当采用无门、窗、洞口的防火墙分隔时，可一面贴邻	《建规》3.3.8
干式除尘器和过滤器	（1）宜布置在厂房外的独立建筑内，且外墙与所属厂房的防火间距不得小于10 m。 （2）对符合一定条件可以布置在厂房内的单独房间内时，但应采用耐火极限不低于3.00 h的防火隔墙和1.50 h的楼板与其他部位分隔	《建规》9.3.7
总控制室与分控制室	（1）总控制室应独立设置。 （2）分控制室宜独立设置，当贴邻外墙设置时，应采用耐火极限不低于3.00 h的防火隔墙与其他部位分隔	《建规》3.6.8、3.6.9
爆炸危险的部位	（1）宜布置在单层厂房靠外墙的泄压设施或多层厂房顶层靠外墙的泄压设施附近。 （2）有爆炸危险的设备宜避开厂房的梁、柱等主要承重构件布置	《建规》3.6.7
办公室、休息室	（1）办公室、休息室与甲、乙类厂房贴邻，应采用3.00 h防爆墙+独立的安全出口。 （2）办公室、休息室等严禁设置在甲、乙类仓库内，也不应贴邻	《建规》3.3.5、3.3.9
泄压设施	（1）泄压面积计算。 （2）泄压设施的设置	《建规》3.6.3~3.6.5
其他	门斗、甲、乙、丙类液体厂房管、沟、不发火花的地面等设置要求	《建规》3.6.5、3.6.6、3.6.10~3.6.12

二、难点剖析

(一) 爆炸危险部位的布置

有爆炸危险的甲、乙类生产部位，宜布置在单层厂房靠外墙的泄压设施或多层厂房靠外墙的泄压设施附近。有爆炸危险的设备宜避开厂房的梁、柱等主要承重构件布置，如图 2-42 所示。

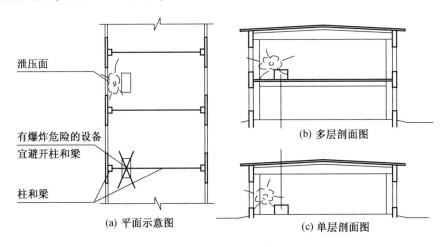

图 2-42　有爆炸危险部位的布置

(二) 门斗

有爆炸危险区域内的楼梯间、室外楼梯或有爆炸危险的区域与相邻区域连通处，应设置门斗等防护措施。门斗的隔墙应为耐火极限不应低于 2.00 h 的防火隔墙，门应采用甲级防火门并应与楼梯间的门错位设置，如图 2-43 所示。

(三) 防火间距

有爆炸危险的厂房、库房与周围建筑物、构筑物应保持一定的防火间距。如甲类厂房与民用建筑的防火间距不应小于 25 m，与重要公共建筑的防火间距不应小于 50 m，与明火或散发火花地点的防火间距不应小于 30 m。甲类库房与重要公共建筑物的防火间距不应小于 50 m，与民用建筑和明火或散发火花地点的防火间距按其储存物品性质不同为 25~40 m。

(四) 其他平面和空间布置

(1) 散发较空气重的可燃气体、可燃蒸气的甲类厂房和有粉尘、纤维爆炸危险的乙类厂房，应符合下列规定：

① 应采用不发火花的地面。采用绝缘材料作整体面层时，应采取防静电措施。

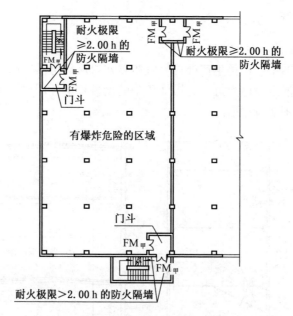

图 2-43 门斗的设置要求

② 散发可燃粉尘、纤维的厂房，其内表面应平整、光滑，并易于清扫。

③ 厂房内不宜设置地沟，确需设置时，其盖板应严密，地沟应采取防止可燃气体、可燃蒸气和粉尘、纤维在地沟积聚的有效措施，且应在与相邻厂房连通处采用防火材料密封。

（2）使用和生产甲、乙、丙类液体的厂房，其管、沟不应与相邻厂房的管、沟相通，下水道应设置隔油设施。

（3）甲、乙、丙类液体仓库应设置防止液体流散的设施。遇湿会发生燃烧爆炸的物品，仓库应采取防止水浸渍的措施。

（4）有粉尘爆炸危险的筒仓，其顶部盖板应设置必要的泄压设施。

粮食筒仓工作塔和上通廊的泄压面积应按《建规》3.6.4 的规定计算确定。有粉尘爆炸危险的其他粮食储存设施应采取防爆措施。

（五）泄压面积计算

有爆炸危险的甲、乙类厂房，其泄压面积宜按式（2-1）计算，但当厂房的长径比（长径比为建筑平面几何外形尺寸中的最长尺寸与其横截面周长的积和 4.0 倍的建筑横截面积之比）大于 3 时，宜将该建筑划分为长径比小于或等于 3 的多个计算段，各计算段中的公共截面不得作为泄压面积。

$$A = 10CV^{2/3} \tag{2-1}$$

式中 A——泄压面积，m^2；

$\quad\quad V$——厂房的容积，m^3；

$\quad\quad C$——厂房容积为 1000 m^3 时的泄压比，其值可按表 2-33 选取，m^2/m^3。

表 2-33 厂房内爆炸性危险物质的类别与泄压比规定值　　　　m^2/m^3

厂房内爆炸性危险物质的类别	C 值
氨、粮食、纸、皮革、铅、铬、铜等 $K_{尘} < 10$ MPa·m·s^{-1} 的粉尘	≥0.030
木屑、炭屑、煤粉、锑、锡等 10 MPa·m·s^{-1} ≤ $K_{尘}$ ≤ 30 MPa·m·s^{-1} 的粉尘	≥0.055
丙酮、汽油、甲醇、液化石油气、甲烷、喷漆间或干燥室、苯酚树脂、铝、镁、锆等 $K_{尘} > 30$ MPa·m·s^{-1} 的粉尘	≥0.110
乙烯	≥0.160
乙炔	≥0.200
氢	≥0.250

注：$K_{尘}$ 是指粉尘爆炸指数。

（六）泄压设施的设置

（1）有爆炸危险的厂房或厂房内有爆炸危险的部位应设置泄压设施。

（2）泄压设施宜采用轻质屋面板、轻质墙体和易于泄压的门、窗等，应采用安全玻璃等在爆炸时不产生尖锐碎片的材料。

（3）泄压设施的设置应避开人员密集场所和主要交通道路，并宜靠近有爆炸危险的部位。

（4）作为泄压设施的轻质屋面板和墙体的质量不宜大于 60 kg/m^2。

（5）屋顶上的泄压设施应采取防冰雪积聚措施。

（6）散发较空气轻的可燃气体、可燃蒸气的甲类厂房，宜采用轻质屋面板作为泄压面积。顶棚应尽量平整、无死角，厂房上部空间应通风良好。

第八节 供暖、通风和空气调节系统防火

供暖、通风和空气调节系统防火审查应依据《建规》。

一、供暖系统的防火防爆

（一）一般建筑供暖系统

一般建筑供暖系统防火防爆审查要点见表 2-34。

表2-34 一般建筑供暖系统的防火防爆审查要点

重点内容	审 查 要 点	对应规范条目
供暖方式确定	（1）甲、乙类厂房（仓库）内严禁采用明火和电热散热器供暖。 （2）下列厂房应采用不循环使用的热风供暖： ①生产过程中散发的可燃气体、蒸气、粉尘或纤维与供暖管道、散热器表面接触能引起燃烧的厂房。 ②生产过程中散发的粉尘受到水、水蒸气的作用能引起自燃、爆炸或产生爆炸性气体的厂房	《建规》9.2.2、9.2.3
供暖管道的敷设	（1）供暖管道不得穿过存在与供暖管道接触能引起燃烧或爆炸的气体、蒸气或粉尘的房间，必须穿过时，应采用不燃材料隔热。 （2）供暖管道与可燃物之间保持的距离： ①当温度大于100℃时，此距离不小于100 mm或采用不燃材料隔热。 ②当温度不大于100℃时，此距离不小于50 mm或采用不燃材料隔热	《建规》9.2.4、9.2.5
绝热材料的燃烧性能	对于甲、乙类厂房（仓库），建筑内的供暖管道和设备的绝热材料应采用不燃材料	《建规》9.2.6
散热器表面的温度	在散发可燃粉尘、纤维的厂房内，散热器表面的平均温度不得超过82.5℃。 输煤廊的散热器的表面平均温度不得超过130℃	《建规》9.2.1

（二）车库供暖设备

根据《汽车库、修车库、停车场设计防火规范》（GB 50067—2014）的有关规定，车库供暖设备的防火设计应符合下列要求。

（1）车库内应设置热水、蒸汽或热风等供暖设备，不应采用火炉或其他明火供暖方式，以防火灾事故的发生。

（2）下列汽车库或修车库需要供暖时应设集中供暖：

①甲、乙类物品运输车的汽车库。

②Ⅰ、Ⅱ、Ⅲ类汽车库。

③Ⅰ、Ⅱ类修车库。

（3）Ⅳ类汽车库和Ⅲ、Ⅳ类修车库，当采用集中供暖有困难时，可采用火墙供暖，但对容易暴露明火的部位，如炉门、节风门、除灰门，严禁设在汽车库、修车库内，必须设置在车库外。汽车库供暖部位不应贴邻甲、乙类生产厂房、库房布置，以防燃烧、爆炸事故的发生。

二、通风和空气调节系统的防火防爆

（一）一般建筑通风和空气调节系统

一般建筑通风和空气调节系统防火防爆审查要点见表2-35。

表2-35　通风和空气调节系统防火防爆审查要点

重点内容	审 查 要 点	对应规范条目
管道的敷设	厂房内有爆炸危险场所的排风管道，严禁穿过防火墙和有爆炸危险的房间隔墙	《建规》9.3.2
通风设备的选择	空气中含有易燃、易爆危险物质的房间，其送、排风系统应采用防爆型的通风设备。当送风机布置在单独分隔的通风机房内且送风干管上设置防止回流设施时，可采用普通型的通风设备	《建规》9.3.4
除尘器、过滤器	（1）对排除含有燃烧和爆炸危险粉尘的空气的排风机，在进入排风机前的除尘器采用不产生火花的除尘器。 对于遇水可能形成爆炸的粉尘，严禁采用湿式除尘器。 （2）净化或输送有爆炸危险粉尘和碎屑的除尘器、过滤器或管道，均应设置泄压装置。 净化有爆炸危险粉尘的干式除尘器和过滤器应布置在系统的负压段上	《建规》9.3.5、9.3.8
排除和输送高温物质的管道	排除和输送温度超过80℃的空气或其他气体、或容易起火的碎屑的管道，与可燃或难燃物体之间应保持不小于150 mm的间隙，或采用厚度不小于50 mm的不燃材料隔热	《建规》9.3.10
锅炉房的通风系统设置	（1）燃油锅炉房的正常通风量应按换气次数不少于3次/h，事故排风量应按换气次数不少于6次/h。 （2）燃气锅炉房的正常通风量应按换气次数不少于6次/h，事故排风量应按换气次数不少于12次/h	《建规》9.3.16

（二）车库的通风、空调系统

车库的通风、空调系统的设计审查要点如下：

（1）设置通风系统的汽车库，其通风系统应独立设置，不应和其他建筑的通风系统混设，以防止积聚油蒸气而引起爆炸事故。

（2）喷漆间、蓄电池间均应设置独立的排气系统。

（3）风管应采用不燃材料制作，且不应穿过防火墙、防火隔墙，当必须穿过时，除应采用不燃材料将孔洞周围的空隙紧密填塞外，还应在穿过处设置防火阀。防火阀的动作温度宜为 70 ℃。

（4）风管的保温材料应采用不燃或难燃材料；穿过防火墙的风管，其位于防火墙两侧各 2 m 范围内的保温材料应为不燃材料。

三、防火阀的设置

防火阀设计审查依据：

（1）《建规》9.3.11～9.3.13。

（2）《建筑防烟排烟系统技术标准》（GB 51251—2017）4.4.10。

（一）空气调节系统的风管

空气调节系统的风管在下列部位应设置公称动作温度为 70 ℃ 的防火阀：

（1）穿越防火分区处。

（2）穿越通风、空气调节机房的房间隔墙和楼板处。

（3）穿越重要或火灾危险性大的场所的房间隔墙和楼板处。

（4）穿越防火分隔处的变形缝两侧。

（5）竖向风管与每层水平风管交接处的水平管段上。

注意：当建筑内每个防火分区的通风、空气调节系统均独立设置时，水平风管与竖向总管的交接处可不设置防火阀。

（二）公共建筑的浴室、卫生间和厨房的竖向排风管

（1）公共建筑的浴室、卫生间和厨房的竖向排风管，应采取防止回流措施并宜在支管上设置公称动作温度为 70 ℃ 的防火阀。

（2）公共建筑内厨房的排油烟管道宜按防火分区设置，且在与竖向排风管连接的支管处应设置公称动作温度为 150 ℃ 的防火阀。

四、排烟防火阀

排烟防火阀安装在机械排烟系统的管道上，平时呈开启状态，火灾时当排烟管道内烟气温度达到 280 ℃ 时关闭，并在一定时间内能满足漏烟量和耐火完整性要求，起隔烟阻火作用的阀门。一般由阀体、叶片、执行机构和温感器等部件组成。

排烟管道下列部位应设置排烟防火阀：

（1）垂直风管与每层水平风管交接处的水平管段上。

（2）一个排烟系统负担多个防烟分区的排烟支管上。

（3）排烟风机入口处。

（4）穿越防火分区处。

第九节 建筑装修和保温防火

一、重要内容

（一）建筑内部装修

建筑内部装修防火审查应依据《建筑内部装修设计防火规范》（GB 50222—2017），该标准简称为《内装修》。

建筑内装修防火审查要点见表 2-36。

表 2-36 建筑内部装修防火审查要点

重点内容	审 查 要 点		对应规范条目
特别场所和部位	水平疏散走道和安全出口的门厅、疏散楼梯间和前室、中庭、变形缝、无窗房间、消防设备用房、厨房、使用明火的餐厅和科研试验室、民用建筑内的库房或贮藏间等，其顶棚、墙面、地面及其他部位应该满足相应要求		《内装修》4.0.1～4.0.20
各类建筑各部位	单、多层民用建筑	《内装修》表 5.1.1 的规定	《内装修》5.1.1～5.3.1
	高层民用建筑	《内装修》表 5.2.1 的规定	
	地下民用建筑	《内装修》表 5.3.1 的规定	
绝热材料	照明灯具及电气设备、线路的高温部位，当靠近非 A 级装修材料或构件时，应采取隔热、散热等防火保护措施，与窗帘、帷幕、幕布、软包等装修材料的距离不应小于 500 mm；灯饰应采用不低于 B_1 级的材料		《内装修》4.0.16
电气配件	建筑内部的配电箱、控制面板、接线盒、开关、插座等不应直接安装在低于 B_1 级的装修材料上；用于顶棚和墙面装修的木质类板材，当内部含有电器、电线等物体时，应采用不低于 B_1 级的材料		《内装修》4.0.17

其他防火要求：

（1）建筑内部装修不应擅自减少、改动、拆除、遮挡消防设施、疏散指示标志、安全出口、疏散出口、疏散走道和防火分区、防烟分区等。

（2）建筑内部消火栓箱门不应被装饰物遮掩，消火栓箱门四周的装修材料颜色应与消火栓箱门的颜色有明显区别或在消火栓箱门表面设置发光标志。

（3）疏散走道和安全出口的顶棚、墙面不应采用影响人员安全疏散的镜面反光材料。

（4）展览性场所装修设计应符合下列规定：

① 展台材料应采用不低于 B₁ 级的装修材料。

② 在展厅设置电加热设备的餐饮操作区内，与电加热设备贴邻的墙面、操作台均应采用 A 级装修材料。

③ 展台与卤钨灯等高温照明灯具贴邻部位的材料应采用 A 级装修材料。

（5）住宅建筑装修设计尚应符合下列规定：

① 不应改动住宅内部烟道、风道。

② 厨房内的固定橱柜宜采用不低于 B₁ 级的装修材料。

③ 卫生间顶棚宜采用 A 级装修材料。

④ 阳台装修宜采用不低于 B₁ 级的装修材料。

（6）照明灯具及电气设备、线路的高温部位，当靠近非 A 级装修材料或构件时，应采取隔热、散热等防火保护措施，与窗帘、帷幕、幕布、软包等装修材料的距离不应小于 500 mm；灯饰应采用不低于 B₁ 级的材料。

（7）建筑内部的配电箱、控制面板、接线盒、开关、插座等不应直接安装在低于 B₁ 级的装修材料上；用于顶棚和墙面装修的木质类板材，当内部含有电器、电线等物体时，应采用不低于 B₁ 级的材料。

（8）当室内顶棚、墙面、地面和隔断装修材料内部安装电加热供暖系统时，室内采用的装修材料和绝热材料的燃烧性能等级应为 A 级。当室内顶棚、墙面、地面和隔断装修材料内部安装水暖（或蒸汽）供暖系统时，其顶棚采用的装修材料和绝热材料的燃烧性能应为 A 级，其他部位的装修材料和绝热材料的燃烧性能不应低于 B₁ 级。

（9）建筑内部不宜设置采用 B₃ 级装饰材料制成的壁挂、布艺等，当需要设置时，不应靠近电气线路、火源或热源，或采取隔离措施。

（二）建筑保温

建筑保温防火审查应依据《建规》。

建筑保温防火审查要点见表 2-37。

表 2-37　建筑保温防火审查要点

重点内容		场　所	高　度	燃烧性能	对应规范条目
外墙	内保温	人员密集场所，用火、燃油、燃气等具有火灾危险性的场所，疏散楼梯间、避难走道、避难间、避难层等场所或部位		应采用 A 级	《建规》6.7.2

表 2-37（续）

重点内容		场所	高度	燃烧性能	对应规范条目
外墙	内保温	对于其他场所		应采用低烟、低毒且不低于 B_1 级	《建规》6.7.2
		应采用不燃材料作防护层。采用燃料性能为 B_1 级的保温材料时，防护层的厚度不应小于 10 mm			
	外保温（无空腔）	人员密集场所	—	A 级	《建规》6.7.5
		住宅建筑	建筑高度>100 m	A 级	
			27 m<建筑高度≤100 m	不低于 B_1 级	
			建筑高度≤27 m	不低于 B_2 级	
		除住宅建筑和设置人员密集场所外的其他建筑	建筑高度>50 m	A 级	
			24 m<建筑高度≤50 m	不低于 B_1 级	
			建筑高度≤24 m	不低于 B_2 级	
		（1）应采用不燃材料在其表面设置防护层。除《建规》6.7.3 规定的情况外，当按规定采用 B_1、B_2 级保温材料时，首层不应小于 15 mm，其他层不应小于 5 mm。 （2）应在保温系统中每层设置水平防火隔离带。防火隔离带应采用 A 级，防火隔离带的高度不应小于 300 mm			《建规》6.7.7、6.7.8
	外保温（有空腔）	除设置人员密集场所的建筑外： （1）建筑高度大于 24 m 时，保温材料的燃烧性能应为 A 级。 （2）建筑高度不大于 24 m 时，保温材料的燃烧性能不应低于 B_1 级			《建规》6.7.6
屋面		（1）屋面板的耐火极限不低于 1.00 h 时，保温材料的燃烧性能不应低于 B_2 级；当屋面板的耐火极限低于 1.00 h 时，保温材料的燃烧性能不应低于 B_1 级。 （2）采用 B_1、B_2 级保温材料的保温系统应采用不燃材料作防护层，防护层厚度不应小于 10 mm。 （3）当建筑的屋面和外墙外保温系统均采用 B_1、B_2 级保温材料时，屋面与外墙之间应采用宽度不小于 500 mm 的不燃材料设置防火隔离带进行分隔			《建规》6.7.10~6.7.12

（三）建筑外墙装饰

建筑外墙装饰防火审查应依据《建规》。

建筑外墙的装饰层应采用燃烧性能为 A 级的材料，但建筑高度不大于 50 m

时，可采用 B_1 级材料。

二、难点剖析

（一）常用装修材料等级规定

1. 纸面石膏板和矿棉吸声板

纸面石膏板分为普通纸面石膏板、耐火纸面石膏板、耐水纸面石膏板等。纸面石膏板是以熟石膏作为主要原料，掺入适量轻集料、纤维增强材料和外加剂构成芯材，并以专用护面纸板牢固地黏结在一起的建筑板材。耐火纸面石膏板的增强材料为无机纤维。其中，护面纸板主要起到提高板材抗弯、抗冲击性能的作用。

矿棉吸声板是以矿棉为主要原料，添加适量的黏结剂，经成型、压花、饰面等工序加工而成的吸声效果好、防火等级较高的吸声兼装饰的材料。

若按我国建筑材料的分级方法检测，纸面石膏板和矿棉吸声板大部分无法达到 A 级材料的要求。但若将其划入 B_1 级的材料范畴，在很大程度上又限制了它们的使用与推广。

因此，考虑到纸面石膏板和矿棉吸声板用量极大这一客观实际情况，以及根据《建规》相关规定，可将安装在钢龙骨上燃烧性能达到 B_1 级的纸面石膏板、矿棉吸声板作为 A 级装修材料使用。

2. 胶合板

未经过防火处理的胶合板，都不会达到 B_1 级，但在装修材料中这类胶合板的用量很大，根据国家防火建筑材料质量监督检验中心提供的数据，涂刷饰面型防火涂料的胶合板能达到 B_1 级。因此，当胶合板表面涂覆饰面型防火涂料时，可作为 B_1 级装修材料使用；当胶合板用于顶棚和墙面装修并且不内含电器、电线等物体时，宜仅在胶合板外表面涂覆防火涂料；当胶合板用于顶棚和墙面装修并且内含有电器、电线等物体时，胶合板的内外表面以及相应的木龙骨应涂覆防火涂料，或采用阻燃浸渍处理达到 B_1 级。

3. 壁纸

常用壁纸有纸质壁纸、布质壁纸两种。所谓纸质壁纸是指以天然纤维作为纸基、纸面上印有各种图案的一种墙纸。这种墙纸强度和韧性差，不耐水。布质壁纸是指将纯棉、化纤布、麻等天然纤维材料经过处理、印花、涂层制成的墙纸。

这两类材料分解产生的可燃气体、发烟量相对较少。尤其是被直接粘贴于 A 级基材上且单位质量小于 300 g/m^2 时，在试验过程中，几乎不会出现火焰蔓延的现象，为此可将这类直接粘贴在 A 级基材上的壁纸作为 B_1 级装修材料使用。

4. 涂料

涂料在室内装修中常被大量使用，一般室内涂料涂覆比小，涂料中颜料、填料多，火灾危险性不大。施涂于 A 级基材上的无机装修涂料，可作为 A 级装修材料使用；施涂于 A 级基材上，湿涂覆比小于 1.5 kg/m²，且涂层干膜厚度不大于 1.0 mm 的有机装修涂料，可作为 B₁ 级装修材料使用。

5. 多层装修材料和复合型装修材料

多层装修材料是指几种不同材质或性能的材料同时装修于一个部位。当采用这种方法进行装修时，各层装修材料的燃烧性能等级均应符合相关规定。

复合型装修材料是指一些隔声、保温材料与其他不燃、难燃材料复合形成一个整体的材料，应由专业检测机构进行整体测试并划分其燃烧性能等级。

装修材料只有贴在等于或高于其燃烧性能等级的材料上时，其燃烧性能等级的确认才是有效的。但对复合型装修材料判定时，不宜简单地认定这种组合做法的燃烧性能等级，应进行整体的试验，合理验证。

（二）各类建筑允许放宽的条件

《内装修》给出了各类建筑允许放宽的条件，见表 2-38。

表 2-38 各类建筑允许放宽条件及要求的对比

类型	局部放宽	设有自动消防设施的放宽
单、多层公共建筑	单、多层民用建筑内面积小于 100 m² 的房间，当采用耐火极限不低于 2.00 h 的防火隔墙和甲级防火门、窗与其他部位分隔时，其装修材料的燃烧性能等级可在《内装修》表 5.1.1 的基础上降低一级（《内装修》5.1.2）	当装有自动灭火系统时，除顶棚外，可在《内装修》表 5.1.1 规定的基础上降低一级；当同时装有火灾自动报警装置和自动灭火系统时，其装修材料可在《内装修》表 5.1.1 规定的基础上降低一级（《内装修》5.1.3）
高层公共建筑	除《内装修》第 4 章规定的场所和表 5.2.1 中序号为 10~12 规定的部位外，高层民用建筑的裙房内面积小于 500 m² 的房间，当设有自动灭火系统，并且采用不低于 2.00 h 的防火隔墙和甲级防火门、窗与其他部位分隔时，顶棚、墙面、地面装修材料的燃烧性能等级可在《内装修》表 5.2.1 规定的基础上降低一级（《内装修》5.2.2）	除《内装修》第 4 章规定的场所和表 5.2.1 中序号为 10~12 规定的部位，以及大于 400 m² 的观众厅、会议厅和 100 m 以上的高层民用建筑外，当设有火灾自动报警装置和自动灭火系统时，除顶棚外，其内部装修材料的燃烧性能等级可在《内装修》表 5.2.1 规定的基础上降低一级（《内装修》5.2.3）

表 2-38（续）

类型	局 部 放 宽	设有自动消防设施的放宽
地下民用建筑	单独建造的地下民用建筑的地上部分，其门厅、休息室、办公室等内部装修材料的燃烧性能等级可在《内装修》表 5.3.1 的基础上降低一级（《内装修》5.3.2）	
所有放宽均不包括	(1)《内装修》第 4 章规定的场所。 (2) 存放文物、纪念展览物品、重要图书、档案、资料的场所，歌舞娱乐游艺场所，A、B 级电子信息系统机房及装有重要机器、仪器的房间	

（三）建筑的外墙外保温系统的隔离带和防护层（《建规》6.7.7、6.7.8、6.7.12）

（1）除《建规》6.7.3 规定的情况外，当建筑的外墙外保温系统按规定采用燃烧性能为 B_1、B_2 级的保温材料时，应符合下列规定：

① 除采用 B_1 级保温材料且建筑高度不大于 24 m 的公共建筑或采用 B_1 级保温材料且建筑高度不大于 27 m 的住宅建筑外，建筑外墙上门、窗的耐火完整性不应低于 0.50 h。

② 应在保温系统中每层设置水平防火隔离带。防火隔离带应采用燃烧性能为 A 级的材料，防火隔离带的高度不应小于 300 mm，如图 2-44 所示。

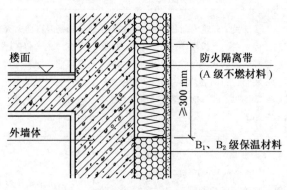

图 2-44　设置水平防火隔离带的要求

③ 建筑的外墙外保温系统应采用不燃材料在其表面设置防护层，防护层应将保温材料完全包覆。除《建规》6.7.3 规定的情况外，当按规定采用 B_1、B_2 保温材料时，防护层厚度首层不应小于 15 mm，其他层不应小于 5 mm，如图 2-45 所示。

④ 建筑外墙外保温系统与基层墙体、装饰层之间的空腔，应在每层楼板处采用防火封堵材料封堵，如图 2-46 所示。

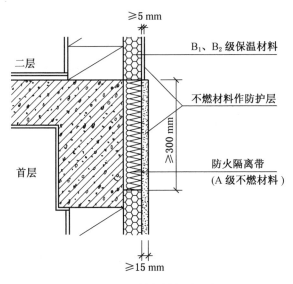

图 2-45 防护层厚度的要求

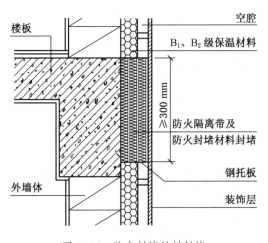

图 2-46 防火封堵材料封堵

（2）当建筑的屋面和外墙外保温系统均采用 B_1、B_2 级的保温材料时，屋面与外墙之间应采用宽度不小于 500 mm 的不燃材料设置防火隔离带进行分隔，如图 2-47 所示。

（四）外墙无空腔复合保温结构体（《建规》6.7.3）

建筑外墙采用保温材料与两侧墙体构成无空腔复合保温结构体时，该结构体

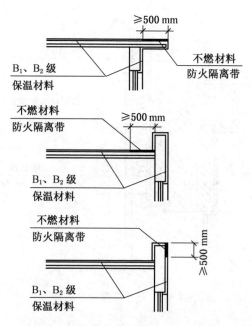

图 2-47　屋面与外墙之间防火隔离带的设置

的耐火极限应符合《建规》的有关规定；当保温材料的燃烧达到 B_1、B_2 级时，保温材料两侧的墙体应采用不燃材料且厚度均不应小于 50 mm，如图 2-48 所示。

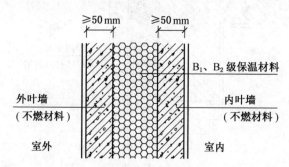

图 2-48　保温材料两侧的墙体厚度

（五）特别需要注意的难点

（1）歌舞娱乐场所：

① 地上（单、多层+高层）：顶棚 A 级+其他均为 B_1 级。

② 地下：顶棚 A 级、墙面 A 级+其他均为 B_1 级。

（2）单、多层公共建筑与高层公共建筑在内部装修防火设计允许放宽条件及要求上存在差异。其中,对于高层公共建筑,当设有火灾自动报警装置和自动灭火系统时,顶棚装修材料的燃烧性能也是不能降低的。

(3)建筑外墙外保温系统按是否与基层墙体、装饰层之间有空腔分为两种,注意:防火设计要求不同,有空腔的要严于无空腔的。

① 对于无空腔的,下列三种情况均应采用燃烧性能为 A 级的保温材料:

a)人员密集场所。

b)建筑高度大于 100 m 的住宅建筑。

c)除住宅建筑和设置人员密集场所的建筑外的其他建筑,当建筑高度大于 50 m 时。

② 对于有空腔的:

a)建筑高度大于 24 m 时,保温材料的燃烧性能应为 A 级。

b)建筑高度不大于 24 m 时,保温材料的燃烧性能不应低于 B_1 级。

(4)设置人员密集场所的建筑,其外墙内外保温材料的燃烧性能均应为 A 级。

(5)所有防火保护层、防火隔离带、防火封堵材料都要求是不燃材料。

第十节 老年人照料设施防火

老年人照料设施防火是《建规》2018 年局部修订的主要内容。

一、老年人照料设施类别确定

老年人照料设施,是指《老年人照料设施建筑设计标准》(JGJ 450—2018)中床位总数(可容纳老年人总数)大于或等于 20 床(人),为老年人提供集中照料服务的公共建筑,包括老年人全日照料设施和老年人日间照料设施。

其他专供老年人使用的、非集中照料的设施或场所,如老年大学、老年活动中心等不属于老年人照料设施。

老年人照料设施包括三种形式,即独立建造的、与其他建筑组合建造的和设置在其他建筑内的老年人照料设施。

需要特别注意的是以下两个方面:

(1)"独立建造的老年人照料设施",包括与其他建筑贴邻建造的老年人照料设施;对于与其他建筑上下组合建造或设置在其他建筑内的老年人照料设施,其防火设计要求应根据该建筑的主要用途确定其建筑分类。

(2)其他专供老年人使用的、非集中照料的设施或场所,其防火设计要求按《建规》有关公共建筑的规定确定；对于非住宅类老年人居住建筑，按《建规》有关老年人照料设施的规定确定。

老年人照料设施中的老年人用房是指现行《老年人照料设施建筑设计标准》（JGJ 450—2018）规定的老年人生活用房、老年人公共活动用房、康复与医疗用房。老年人照料设施中的老年人生活用房是指用于老年人起居、住宿、洗漱等用途的房间。

老年人照料设施中的老年人公共活动用房指用于老年人集中休闲、娱乐、健身等用途的房间，如公共休息室、阅览或网络室、棋牌室、书画室、健身房、教室、公共餐厅等。

老年人照料设施中的康复与医疗用房指用于老年人诊疗与护理、康复治疗等用途的房间或场所。

老年人照料设施的总建筑面积：当老年人照料设施独立建造时，为该老年人照料设施单体的总建筑面积；当老年人照料设施设置在其他建筑或与其他建筑组合建造时，为其中老年人照料设施部分的总建筑面积。

二、老年人照料设施的分类与耐火等级

（1）独立建造的高层老年人照料设施为一类高层。

提示：只要属于高层，就为一类高层，同医院。

（2）除木结构建筑外，老年人照料设施耐火等级不应低于三级。

（3）老年人照料设施为三级耐火等级时，吊顶应采用不燃材料；当采用难燃材料时，其耐火极限不应低于 0.25 h。

二、三级耐火等级的老年人照料设施建筑内门厅、走道的吊顶应采用不燃材料。

（4）独立建造的一、二级耐火等级老年人照料设施，建筑高度不宜大于 32 m，不应大于 54 m；三级耐火等级，不应超过 2 层。

（5）老年人照料设施设置在木结构建筑内时，应布置在首层或二层。

三、防火分隔

老年人照料设施宜独立设置。当与其他建筑上下组合时，宜设置在建筑的下部，并应符合下列规定：

（1）老年人照料设施部分的建筑层数、建筑高度或所在楼层位置的高度应符合《建规》5.3.1A 的规定。

《建规》5.3.1A：独立建造的一、二级耐火等级老年人照料设施的建筑高度不宜大于 32 m，不应大于 54 m；独立建造的三级耐火等级老年人照料设施，不应超过 2 层。

对于设置在其他建筑内的老年人照料设施或与其他建筑上下组合建造的老年人照料设施，其设置高度和层数也应符合《建规》5.3.1A 的规定，即老年人照料设施部分所在位置的建筑高度或楼层符合《建规》5.3.1A 的规定。

（2）老年人照料设施部分应与其他场所进行防火分隔，防火分隔应符合《建规》6.2.2 的规定。

四、安全疏散

（一）层数、人数及面积

当老年人照料设施中的老年人公共活动用房、康复与医疗用房设置在地下、半地下时，应设置在地下一层，每间用房的建筑面积不应大于 200 m² 且使用人数不应大于 30 人。

老年人照料设施中的老年人公共活动用房、康复与医疗用房设置在地上四层及以上时，每间用房的建筑面积不应大于 200 m² 且使用人数不应大于 30 人。

（二）安全出口

建筑面积不大于 200 m² 且人数不超过 50 人的单层老年人照料设施，或不大于 200 m² 且人数不超过 50 人的设置在多层公共建筑首层的老年人照料设施可以设 1 个安全出口。

除了以上情况，不能设置 1 个安全出口或 1 部疏散楼梯，至少应为 2 个安全出口或 2 部疏散楼梯。

（三）疏散楼梯

老年人照料设施的疏散楼梯或疏散楼梯间宜与敞开式外廊直接连通，不能与敞开式外廊直接连通的室内疏散楼梯应采用封闭楼梯间。

建筑高度大于 24 m 的，其室内疏散楼梯应采用防烟楼梯间。

建筑高度大于 32 m 的，宜在 32 m 以上部分增设能连通老年人居室和公共活动场所的连廊，各层连廊应直接与疏散楼梯、安全出口或室外避难场地连通。

（四）非消防电梯

老年人照料设施的非消防电梯应采取防烟措施，当火灾情况下需用于辅助人员疏散时，该电梯及其设置应符合《建规》有关消防电梯及其设置的要求。

（五）疏散门数量

老年人照料设施建筑内房间的疏散门数量应经计算确定且不应少于 2 个。但是：

（1）老年人照料设施建筑位于走道尽端的房间，不符合放宽只设 1 个疏散门的要求。

（2）老年人照料设施建筑位于 2 个安全出口之间或袋形走道两侧的房间，当建筑面积不大于 50 m² 时，可设 1 个疏散门。

（六）避难间

三层及以上总建筑面积大于 3000 m²（包括设置在其他建筑内三层及以上楼层）的老年人照料设施，应在二层及以上各层老年人照料设施部分的每座疏散楼梯间的相邻部位设置 1 间避难间。

当老年人照料设施设置与疏散楼梯或安全出口直接连通的开敞式外廊、与疏散走道直接连通且符合人员避难要求的室外平台等时，可不设置避难间。

避难间内可供避难的净面积不应小于 12 m²，避难间可利用疏散楼梯间的前室或消防电梯的前室，其他要求应符合《建规》5.5.24 的规定。

供失能老年人使用且层数大于 2 层的老年人照料设施，应按核定使用人数配备简易防毒面具。

（七）消防电梯

五层及以上且总建筑面积大于 3000 m²（包括设置在其他建筑内五层及以上楼层）的老年人照料设施应设消防电梯。

消防电梯前室设计要求：《建规》2018 年版在 2014 年版的基础上增加了前室的短边不应小于 2.4 m（单独+合用）的规定。

五、老年人照料设施保温防火

除《建规》6.7.3 规定的情况外，下列老年人照料设施的内外墙体和屋面保温材料应采用燃烧性能为 A 级的保温材料：

（1）独立建造的老年人照料设施。

（2）与其他建筑组合建造且老年人照料设施部分的总建筑面积大于 500 m² 的老年人照料设施。

第三章 消防设施设置审查

第一节 消 防 水 源

一、重点内容

消防水源的审查应依据《消防给水及消火栓系统技术规范》（GB 50974—2014），该标准简称为《给水》。

消防水源的审查要点见表3-1。

表3-1 消防水源的审查要点

项目		审 查 要 点	对应规范条目
消防水源的形式	天然水源	消防水源：市政给水、消防水池、天然水源等，宜采用市政给水。 备用消防水源：雨水清水池、中水清水池、水景和游泳池	《给水》4.1
		当室外消防水源采用天然水源时，应采取防止冰凌、漂浮物、悬浮物等物质堵塞消防水泵的技术措施	《给水》4.4
		当地表水作为室外消防水源时，应采取确保消防车、固定和移动消防水泵在枯水位取水的技术措施。天然水源消防车取水口的设置位置和设施要符合国家标准要求	《给水》4.4.5~4.4.7
	市政给水	连续供水： 当市政给水管网连续供水时，可采用市政给水管网直接供水	《给水》4.2.1
		两路供水： (1) 市政给水厂应至少两条输水干管向市政给水管网输水。 (2) 市政给水管网应为环状管网。 (3) 应至少有两条不同的市政给水干管上不少于两条引入管向消防给水系统供水	《给水》4.2.2

表 3-1 (续)

项目		审 查 要 点	对应规范条目
消防水源的形式	消防水池	消防水池的设置条件: 不能满足室内、室外消防给水设计流量要求,并且对水的需求量很大的场所	《给水》4.3.1
		消防水池有效容积的计算	《给水》4.3.2
		消防水池补水时间的确定	《给水》4.3.3
		设置要求: 应设置取水口(井),取水口(井)与建筑物(水泵房除外)、甲、乙、丙类液体储罐、液化石油气储罐距离有一定要求	《给水》4.3.7
		出水、排水和水位应符合下列规定: (1)有效容积能被全部利用。 (2)设置就地水位显示装置。 (3)设置溢流水管和排水设施,并应采用间接排水	《给水》4.3.9
总用水量		消防给水一起火灾灭火用水量应按需要同时作用的室内外消防给水用水量之和计算,两座及以上建筑合用时,应取最大者。 (1)消防用水量的计算。 (2)不同场所消火栓系统和固定冷却水系统的火灾延续时间	《给水》 3.6.1、3.6.2

消防水箱的审查要点见表 3-2。

表 3-2 消防水箱的审查要点

审 查 要 点	对应规范条目
消防水箱的设置: (1)水箱的人孔以及进出水管的阀门等应采取锁具或阀门箱等保护措施进行保护。 (2)严寒、寒冷等冬季冰冻地区,必须在屋顶露天设置时,应采取防冻隔热等安全措施	《给水》5.2.4
有效容积应满足初期火灾消防用水量: (1)一类高层公共建筑,不应小于 36 m³,但当建筑高度大于 100 m 时,不应小于 50 m³,当建筑高度大于 150 m 时,不应小于 100 m³。 (2)多层公共建筑、二类高层公共建筑和一类高层住宅保持一致,不应小于 18 m³	《给水》5.2.1

表 3-2（续）

审 查 要 点	对应规范条目
出水、排水和水位应符合规定： 高位消防水箱的最低有效水位应根据出水管喇叭口和防止旋流器的淹没深度确定，当采用出水管喇叭口时，应符合《给水》5.1.13 第 4 款的规定；当采用防止旋流器时应根据产品确定，且不应小于 150 mm 的保护高度	《给水》5.2.6

二、难点剖析

（一）消防水池的补水

（1）消防水池的给水管应根据其有效容积和补水时间确定，补水时间不宜大于 48 h，但当消防水池有效总容积大于 2000 m³ 时，补水时间不应大于 96 h。消防水池进水管管径应计算确定，且不应小于 DN100。

（2）当消防水池采用两路消防供水且在火灾情况下连续补水能满足消防要求时，消防水池的有效容积应根据计算确定（图 3-1），但不应小于 100 m³，当仅设有消火栓系统时不应小于 50 m³。

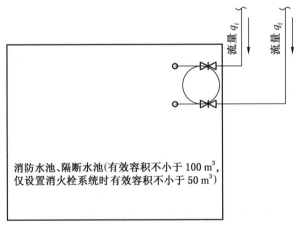

注：q_f 应大于消防给水一起火灾灭火流量，
q_f 计算应符合《给水》4.3.5。

图 3-1 消防水池采用两路消防供水时有效容积示意图

（二）消防水箱的设置

消防水箱的主要作用是供给建筑初期火灾时的消防用水水量，并保证相应的水压要求。水箱压力的高低对于扑救建筑物顶层或附近几层的火灾关系也很大，压力低可能出不了水或达不到要求的充实水柱，也不能启动自动喷水系统报警阀压力开关，影响灭火效率，为此高位消防水箱应规定其最低有效压力或者高度。

1. 高位消防水箱的设置位置

高位消防水箱的设置位置（图 3-2）应高于其所服务的水灭火设施，且最低有效水位应满足水灭火设施最不利点处的静水压力，并应按下列规定确定：

（1）一类高层公共建筑，不应低于 0.10 MPa，但当建筑高度超过 100 m 时，不应低于 0.15 MPa。

（2）高层住宅、二类高层公共建筑、多层公共建筑，不应低于 0.07 MPa，多层住宅不宜低于 0.07 MPa。

（3）工业建筑不应低于 0.10 MPa，当建筑体积小于 20000 m³ 时，不宜低于 0.07 MPa。

（4）自动喷水灭火系统等自动水灭火系统应根据喷头灭火需求压力确定，但最小不应小于 0.10 MPa。

（5）当高位消防水箱不能满足第（1）~（4）项的静压要求时，应设稳压泵。

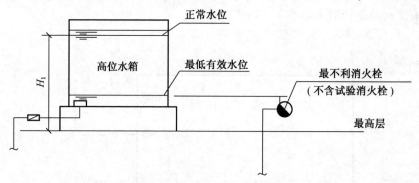

图 3-2　高位消防水箱设置位置

提示：

① 屋面停机坪消火栓上方可不设高位消防水箱。

② 在高位消防水箱间层建筑面积不大于屋面面积 1/4 时，正常水位高于最不利消火栓即可。

③ 水灭火设施包括自动喷水灭火系统、固定消防炮灭火系统等。

注意：每 10 m 高能产生 0.1 MPa 的压力。

2. 高位消防水箱有效容积要求

高位消防水箱有效容积要求见表 3-3。

表3-3 高位消防水箱有效容积要求

序号	建 筑 性 质		建筑高度/m	有效容积/m³
1	一类高层公共建筑		—	≥36
			>100	≥50
			>150	≥100
2	多层公共建筑、二类高层公共建筑、一类高层住宅		—	≥18
			>100	≥36
3	二类高层住宅		—	≥12
4	多层住宅		>21	≥6
5	工业建筑（室内消防给水设计流量≤25 L/s）		—	≥12
	工业建筑（室内消防给水设计流量>25 L/s）		—	≥18
6	商店建筑（总建筑面积>10000 m² 且<30000 m²）		—	≥36
	商店建筑（总建筑面积>30000 m²）		—	≥50

注：1. 当第6项规定与第1项不一致时应取其较大值。

　　2. 高位水箱容积指屋顶水箱，不含转输水箱兼高位水箱。

提示：

① 初期火灾消防用水量可不进行计算，直接选用表3-3中的数值。

② 转输水箱兼作高位水箱时，其容积按转输水箱确定。

③ 一类建筑由裙房公建和其上的住宅构成时，屋顶水箱容积可按公建部分高度查表。

高位消防水箱的最低有效水位应根据出水管喇叭口和防止旋流器的淹没深度确定，当采用出水管喇叭口时，应符合《给水》5.1.13第4款的规定；当采用防止旋流器时应根据产品确定，且不应小于150 mm 的保护高度。

《给水》5.2.6第1款和第2款为强制性条文，必须严格执行。

高位消防水箱最低有效水位的设置如图3-3所示。

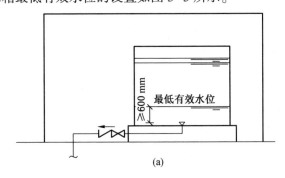

(a)

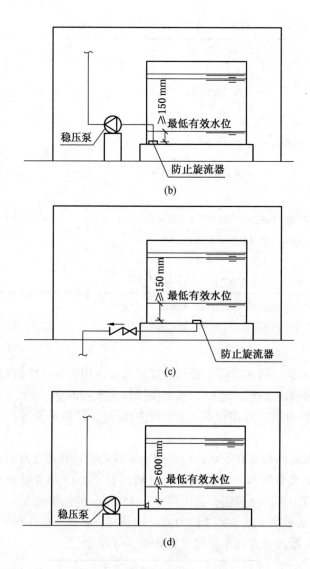

图 3-3 高位水箱最低水位设置

提示：

① 当高位消防水箱的出水管不设喇叭口和旋流防止器时，应满足《给水》5.2.6 第 10 款要求。

② 高位消防水箱出水管应高于高位消防水箱最低水位以下，并应设置防止消防用水进入高位消防水箱的止回阀。

第二节　室外消防给水及消火栓系统

一、重点内容

室外消防给水及消火栓系统的审查应依据《给水》和《建规》。

室外消防给水及消火栓系统的审查要点见表3-4。

表3-4　室外消防给水及消火栓系统的审查要点

项目	重点内容	审查要点	对应规范条目
给水管网	形式	设有市政消火栓的市政给水管网宜为环状管网，但当城镇人口小于2.5万人时，可为枝状管网	《给水》8.1.1、8.1.4
		室外消防给水采用两路消防供水时应采用环状管网，但当采用一路消防供水时可采用枝状管网	
	输水干管	向室外、室内环状消防给水管网供水的输水干管不应少于两条，当其中一条发生故障时，其余的输水干管应仍能满足消防给水设计流量	《给水》8.1.3
给水管道	倒流防止器	室外消防给水引入管当设有倒流防止器，且火灾时因其水头损失导致室外消火栓不能满足《给水》7.2.8的要求时，应在该倒流防止器前设置一个室外消火栓	《给水》7.3.10
	阀门	室外架空管道宜采用带启闭刻度的暗杆闸阀或耐腐蚀的明杆闸阀。室外架空管道的阀门应采用球墨铸铁阀门或不锈钢阀门	《给水》8.3
	管道布置	消防给水系统中采用的设备、器材、管材管件、阀门和配件等系统组件的产品工作压力等级，应大于消防给水系统的系统工作压力，且应保证系统在可能最大运行压力时安全可靠	《给水》8.2
室外消火栓的设计	形式：市政消火栓和建筑室外消火栓统称为室外消火栓。（1）城镇（包括居住区、商业区、开发区、工业区等）应沿可通行消防车的街道设置市政消火栓系统。（2）民用建筑、厂房、仓库、储罐（区）和堆场周围应设置室外消火栓系统。（3）用于消防救援和消防车停靠的屋面上，应设置室外消火栓系统	适用范围详见《建规》8.1.2

表 3-4（续）

项目	重点内容	审 查 要 点	对应规范条目
室外消火栓的设计	市政消火栓的设置要求： （1）市政消火栓宜采用直径 DN150 的室外消火栓。 （2）市政消火栓宜在道路的一侧设置，并宜靠近十字路口，但当市政道路宽度超过 60 m 时，应在道路的两侧交叉错落设置。 （3）市政消火栓的保护半径不应超过 150 m，间距不应大于 120 m	《给水》7.2
	室外消火栓的设置要求： （1）保护半径不应大于 150.0 m，每个室外消火栓的出流量宜按 10~15 L/s 计算。 （2）室外消火栓宜沿建筑周围均匀布置，且不宜集中布置在建筑一侧；建筑消防扑救面一侧的室外消火栓数量不宜少于 2 个	《给水》7.3

二、难点剖析

（一）消防给水管网的设置

1. 环状管网

下列消防给水管网应采用环状管网，只要满足下列条件时，就不应设置枝状管网。

（1）向两栋或两座及以上建筑供水时。

（2）向两种及以上水灭火系统供水时（图 3-4）。

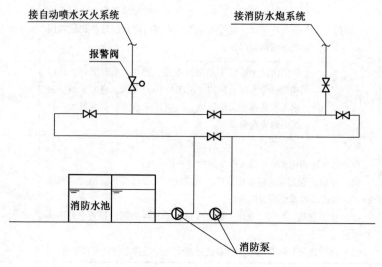

图 3-4 两种及以上水灭火系统环状管网

（3）采用设有高位消防水箱的临时高压消防给水系统时。

（4）向两个及以上报警阀控制的自动水灭火系统供水时。

提示：

① 示例中自动喷水灭火系统、消防水炮系统共用一套水泵。

② 供水干管需成环。

③ 不同消防系统管道在报警阀前分开。

2. 用作两路消防供水的市政给水管网应符合的要求

用作两路消防供水的市政给水管网应符合下列要求（图3-5）：

（1）市政给水厂应至少有两条输水干管向市政给水管网输水。

（2）市政给水管网应为环状管网。

（3）应至少有两条不同的市政给水干管上不少于两条引入管向消防给水系统供水。

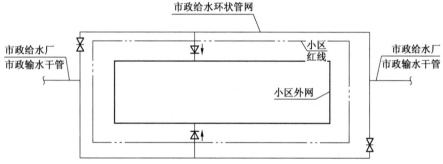

图3-5　市政给水管网给消防给水系统供水示意图

提示：

① 以上三条规定必须都满足，才为两路供水。

② 市政给水可以是一个水厂的供水，但此水厂必须有两路输水管。

（二）可不设置室外消火栓的情况

耐火等级不低于二级且建筑体积不大于3000 m³ 的戊类厂房，居住区人数不超过500人且建筑层数不超过2层的居住区，可不设置室外消火栓系统。

第三节　室内消火栓系统

一、重点内容

室内消火栓系统的审查应依据《给水》和《建规》。

室内消火栓系统的审查要点见表3-5。

表3-5 室内消火栓系统的审查要点

重点内容	审查要点	对应规范条目
设置场所	(1) 室内消火栓的设置。 下列建筑或场所应设置室内消火栓系统： ① 建筑占地面积大于 300 m^2 的厂房和仓库。 ② 高层公共建筑和建筑高度大于 21 m 的住宅建筑。 ③ 体积大于 5000 m^3 的车站、码头、机场的候车（船、机）建筑、展览建筑、商店建筑、旅馆建筑、医疗建筑、老年人照料设施和图书馆建筑等单、多层建筑。 ④ 特等、甲等剧场，超过 800 个座位的其他等级的剧场和电影院等以及超过 1200 个座位的礼堂、体育馆等单、多层建筑。 ⑤ 建筑高度大于 15 m 或体积大于 10000 m^3 的办公建筑、教学建筑和其他单、多层民用建筑	《建规》8.2.1
	(2) 消防软管卷盘或轻便消防水龙的设置。 ① 可不设置室内消火栓的系统，宜设置消防软管卷盘或轻便消防水龙。 ② 人员密集的公共建筑、建筑高度大于 100 m 的建筑和建筑面积大于 200 m^2 的商业服务网点内应设置消防软管卷盘或轻便消防水龙。高层住宅建筑的户内宜配置轻便消防水龙。 ③ 老年人照料设施内应设置与室内供水系统直接连接的消防软管卷盘，消防软管卷盘的设置间距不应大于 30.0 m	《建规》8.2.2、8.2.4
用水量	建筑物室内消火栓设计流量，应根据建筑物的用途功能、体积、高度、耐火等级、火灾危险性等因素综合确定	《给水》3.5.2
给水管网	(1) 形式：环状管网或枝状管网。 室内消火栓系统管网应布置成环状，当室外消火栓设计流量不大于 20 L/s，且室内消火栓不超过 10 个时，除《给水》8.1.2外，可布置成枝状	《给水》8.1.5
	(2) 倒流防止器的设置。 室内消防给水系统由生活、生产给水系统管网直接供水时，应在引入管处设置倒流防止器	《给水》8.3.5
室内消火栓的设计	(1) 室内消火栓的设置要求： ① 应采用 DN65 室内消火栓。 ② 应配置公称直径 65 mm 有内衬里的消防水带，长度不宜超过 25.0 m。 ③ 设置室内消火栓的建筑，包括设备层在内的各层均应设置消火栓。 ④ 消防电梯前室应设置室内消火栓，并应计入消火栓使用数量	《给水》7.4.1~7.4.9

表 3-5（续）

重点内容	审　查　要　点	对应规范条目
室内消火栓的设计	（2）布置间距：宜按直线距离计算其布置间距。 ① 消火栓按 2 支消防水枪的 2 股充实水柱布置的建筑物，消火栓的布置间距不应大于 30.0 m。 ② 消火栓按 1 支消防水枪的 1 股充实水柱布置的建筑物，消火栓的布置间距不应大于 50.0 m	《给水》7.4.10
	（3）室内消火栓栓口压力和消防水枪充实水柱应符合下列规定： ①消火栓栓口动压力不应大于 0.50 MPa，当大于 0.70 MPa 时必须设置减压装置。 ②高层建筑、厂房、库房和室内净空高度超过 8 m 的民用建筑等场所，消火栓栓口动压不应小于 0.35 MPa，且消防水枪充实水柱应按 13 m 计算；其他场所，消火栓栓口动压不应小于 0.25 MPa，且消防水枪充实水柱应按 10 m 计算	《给水》7.4.12
	（4）干式消防竖管应符合下列规定： 建筑高度不大于 27 m 的住宅，当设置消火栓时，可采用干式消防竖管	《给水》7.4.13

消防水泵接合器的审查要点见表 3-6。

表 3-6　消防水泵接合器的审查要点

重点内容	审　查　要　点	对应规范条目
消防水泵接合器	（1）设置场所： ① 高层民用建筑。 ② 设有消防给水的住宅、超过 5 层的其他多层民用建筑。 ③ 超过 2 层或建筑面积大于 10000 m² 的地下或半地下建筑（室）、室内消火栓设计流量大于 10 L/s 平战结合的人防工程。 ④ 高层工业建筑和超过 4 层的多层工业建筑。 ⑤ 城市交通隧道	《给水》5.4.1
	（2）消防水泵接合器的设置要求： ① 自动喷水灭火系统、水喷雾灭火系统、泡沫灭火系统和固定消防炮灭火系统等水灭火系统，均应设置消防水泵接合器。 ② 消防水泵接合器的给水流量宜按每个 10~15 L/s 计算。 ③ 墙壁消防水泵接合器的安装高度距地面宜为 0.70 m；与墙面上的门、窗、孔、洞的净距离不应小于 2.0 m，且不应安装在玻璃幕墙下方；地下消防水泵接合器的安装，应使进水口与井盖底面的距离不大于 0.4 m，且不应小于井盖的半径	《给水》5.4.2~5.4.9

111

二、难点剖析

（一）室内消火栓的设计流量的确定

建筑物室内消火栓设计流量不应小于《给水》表 3.5.2 的规定。但是，下面需要特别注意：

（1）丁、戊类高层厂房（仓库）室内消火栓的设计流量可按《给水》表 3.5.2 减少 10 L/s，同时使用消防水枪数量可按《给水》表 3.5.2 减少 2 支。

（2）消防软管卷盘、轻便消防水龙及多层住宅楼梯间中的干式消防竖管，其消火栓设计流量可不计入室内消防给水设计流量。

（3）当一座多层建筑有多种使用功能时，室内消火栓设计流量应分别按《给水》表 3.5.2 中不同功能计算，且应取最大值。

当建筑物室内设有自动喷水灭火系统、水喷雾灭火系统、泡沫灭火系统或固定消防炮灭火系统等一种或两种以上自动水灭火系统全保护时，高层建筑当高度不超过 50 m 且室内消火栓设计流量超过 20 L/s 时，其室内消火栓设计流量可按《给水》表 3.5.2 减少 5 L/s；多层建筑室内消火栓设计流量可减少 50%，但不应小于 10 L/s。

（二）室内消火栓的设置要求

在审图时应注意：

（1）设置室内消火栓的建筑，包括设备层在内的各层均应设置消火栓。

（2）消防电梯前室应设置室内消火栓，并应计入消火栓使用数量，如图 3-6 所示。

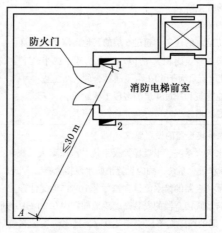

注：在 ≤30 m 范围内，A 处可借用消火栓 1。

图 3-6　不同防火分区借用消火栓示意图

提示：消防电梯前室消火栓可跨防火分区借用。

（3）室内消火栓的布置应满足同一平面有 2 支消防水枪的 2 股充实水柱同时达到任何部位的要求，但建筑高度小于或等于 24.0 m 且体积小于或等于 5000 m³ 的多层仓库、建筑高度小于或等于 54 m 且每单元设置一部疏散楼梯的住宅，以及表 3-7 中规定可采用 1 支消防水枪的场所，可采用 1 支消防水枪的 1 股充实水柱到达室内任何部位。

表 3-7　可采用 1 支消防水枪的场所

可采用 1 支消防水枪的场所	建筑高度≤24.0 m 且体积≤5000 m³ 的多层仓库
	建筑高度≤54 m 且单元设置 1 部疏散楼梯的住宅
	跃层住宅和商业网点
	体积≤1000 m³ 展览厅、影院、剧场、礼堂、健身体育场所等
	体积≤5000 m³ 商场、餐厅、旅馆、医院等
	体积≤2500 m³ 丙、丁、戊类生产车间、自行车库
	体积≤3000 m³ 丙、丁、戊类物品库房、图书资料档案库

（4）室内消火栓宜按直线距离计算其布置间距，并应符合下列规定：

① 消火栓按 2 支消防水枪的 2 股充实水柱布置的建筑物，消火栓的布置间距不应大于 30.0 m，如图 3-7 所示。

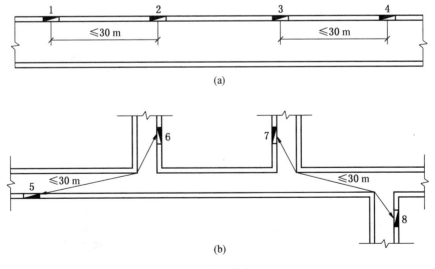

(a)

(b)

图 3-7　消火栓布置图

② 消火栓按 1 支消防水枪的 1 股充实水柱布置的建筑物，消火栓的布置间距不应大于 50.0 m。

提示：

① 消火栓的距离按人的行走距离计算。

② 在满足 2 股水柱同时到达任意一点的情况下，消火栓 2 和 3 的距离可大于 30 m。

第四节　自动喷水灭火系统

一、重点内容

自动喷水灭火系统的设计审查应依据：

（1）《建规》。

（2）《自动喷水灭火系统设计规范》（GB 50084—2017），该标准简称为《自喷》。

（3）《建设工程消防设计审查规则》（GA 1290—2016）。

（一）选型与布置

自动喷水灭火系统选型与布置审查要点见表 3-8。

表 3-8　自动喷水灭火系统选型与布置审查要点

重点内容	审查要点	对应规范条目
系统的设置场所和选型	（1）设置范围。 自动喷水灭火系统适用于扑救绝大多数建筑内的初起火，凡发生火灾时可以用水灭火的场所，均可采用自动喷水灭火系统	《建规》8.3.1~8.3.4：应设置的建筑和场所。 《自喷》4.1.2：不适用的范围。 《自喷》12.0.1：局部应用的适用场所
	（2）系统选型。 设置场所的建筑特征、环境条件和火灾特点，是合理选择系统类型和确定火灾危险等级的依据	《自喷》4.2
系统的设计基本参数	应根据设置场所的使用性质、规模及其火灾危险等级等因素确定自动喷水灭火系统设计的基本参数，主要包括喷水强度、作用面积、喷头间距、最不利点处喷头工作压力、持续喷水时间等	《自喷》5.0.1~5.0.6、5.0.10、5.0.11 和 12.0.2~12.0.3 分别规定了不同危险等级场所设置湿式、干式（雨淋）、预作用和局部应用设计基本参数

表 3-8（续）

重点内容	审 查 要 点	对应规范条目
系统组件的选型与布置	（1）喷头。 喷头的选型、布置以及设置要求，应区分闭式系统和开式系统，分别具体考量	《自喷》6.1、第 7 章规定了喷头的选型和布置要求
	（2）报警阀组。 设计时主要考虑一个报警阀组所控制喷头的数量要求、是否分区、水源控制阀以及水力警铃的设置要求	《自喷》6.2 规定了设置要求
	（3）水流报警装置。 水流指示器、压力开关、末端试水装置、水力警铃等水流报警装置	《自喷》6.3~6.5
	（4）配水管道。 ① 配水管道可采用内外壁热镀锌钢管、涂覆钢管、铜管、不锈钢管和氯化聚氯乙烯（PVC）管。 ② 配水管道的工作压力不应大于 1.20 MPa	《自喷》第 8 章规定了配水管道的选材和连接方式

1.《建规》8.3.1~8.3.4：应设置的建筑和场所

8.3.1 除本规范另有规定和不宜用水保护或灭火的场所外，下列厂房或生产部位应设置自动灭火系统，并宜采用自动喷水灭火系统：

1 不小于 50000 纱锭的棉纺厂的开包、清花车间，不小于 5000 锭的棉纺厂的分级、梳麻车间，火柴厂的烤梗、筛选部位；

2 占地面积大于 1500 m² 或总建筑面积大于 3000 m² 的单、多层制鞋、制衣、玩具及电子等类似生产的厂房；

3 占地面积大于 1500 m² 的木器厂房；

4 泡沫塑料厂的预发、成型、切片、压花部位；

5 高层乙、丙、丁类厂房；

6 建筑面积大于 500 m² 的地下或半地下丙类厂房。

8.3.2 除本规范另有规定和不宜用水保护或灭火的仓库外，下列仓库应设置自动灭火系统，并宜采用自动喷水灭火系统：

1 每座占地面积大于 1000 m² 的棉、毛、丝、麻、化纤、毛皮及其制品的仓库；

注：单层占地面积不大于 2000 m² 的棉花库房，可不设置自动喷水灭火系统。

2 每座占地面积大于 600 m² 的火柴仓库；

3 邮政建筑内建筑面积大于 500 m² 的空邮袋库；

4 可燃、难燃物品的高架仓库和高层仓库；

5 设计温度高于 0 ℃的高架冷库，设计温度高于 0 ℃且每个防火分区建筑面积大于 1500 m² 的非高架冷库；

6 总建筑面积大于 500 m² 的可燃物品地下仓库；

7 每座占地面积大于 1500 m² 或总建筑面积大于 3000 m² 的其他单层或多层丙类物品仓库。

8.3.3 除本规范另有规定和不宜用水保护或灭火的场所外，下列高层民用建筑或场所应设置自动灭火系统，并宜采用自动喷水灭火系统：

1 一类高层公共建筑（除游泳池、溜冰场外）及其地下、半地下室；

2 二类高层公共建筑及其地下、半地下室的公共活动用房、走道、办公室和旅馆的客房、可燃物品库房、自动扶梯底部；

3 层民用建筑内的歌舞娱乐放映游艺场所；

4 建筑高度大于 100 m 的住宅建筑。

8.3.4 除本规范另有规定和不宜用水保护或灭火的场所外，下列单、多层民用建筑或场所应设置自动灭火系统，并宜采用自动喷水灭火系统：

1 特等、甲等剧场，超过 1500 个座位的其他等级的剧场，超过 2000 个座位的会堂或礼堂，超过 3000 个座位的体育馆，超过 5000 人的体育场的室内人员休息室与器材间等；

2 任一层建筑面积大于 1500 m² 或总建筑面积大于 3000 m² 的展览、商店、餐饮和旅馆建筑以及医院中同样建筑规模的病房楼、门诊楼和手术部；

3 设置送回风道（管）的集中空气调节系统且总建筑面积大于 3000 m² 的办公建筑等；

4 藏书量超过 50 万册的图书馆；

5 大、中型幼儿园，总建筑面积大于 500 m² 的老年人建筑；

6 总建筑面积大于 500 m² 的地下或半地下商店；

7 设置在地下或半地下或地上四层及以上楼层的歌舞娱乐放映游艺场所（除游泳场所外），设置

在首层、二层和三层且任一层建筑面积大于 300 m² 的地上歌舞娱乐放映游艺场所（除游泳场所外）。

2.《自喷》4.1.2：不适用的范围

4.1.2 自动喷水灭火系统不适用于存在较多下列物品的场所：

1 遇水发生爆炸或加速燃烧的物品；

2 遇水发生剧烈化学反应或产生有毒有害物质的物品；

3　洒水将导致喷溅或沸溢的液体。

3.《自喷》12.0.1：局部应用的适用场所

12.0.1　局部应用系统应用于室内最大净空高度不超过 8 m 的民用建筑中，为局部设置且保护区域总建筑面积不超过 1000 m² 的湿式系统。设置局部应用系统的场所应为轻危险级或中危险级Ⅰ级场所。

（二）系统供水

1. 水力计算

《自喷》9.1、9.2 规定了喷头流量计算、管道水力计算的有关要求。

2. 供水设施

《自喷》第 10 章规定了系统供水设施的设计要求。

主要结合工程实际，考虑消防水泵、消防水箱等组件的设计要求。

3. 减压设施（《自喷》9.3）

1）减压孔板

（1）应设在直径不小于 50 mm 的水平直管段上，前后管段的长度均不宜小于该管段直径的 5 倍。

（2）孔口直径不应小于设计管段直径的 30% 且不应小于 20 mm。

（3）应采用不锈钢板材制作。

2）节流管

（1）直径宜按照上游管段直径的 1/2 计算确定。

（2）长度不宜小于 1 m。

（3）管内水的平均流速不应大于 20 m/s。

3）减压阀

（1）应设置在报警阀组入口前。

（2）入口前应设置过滤器且便于排污。

（3）当连接两个及以上报警阀组时，应设置备用减压阀。

（4）垂直设置的减压阀，水流方向宜向下。

（5）比例式减压阀宜垂直设置，可调式减压阀宜水平设置。

（6）减压阀前后应设置控制阀和压力表，当主阀体自带压力表时，可不单独另设压力表。

（7）减压阀及其前后阀门宜设有保护或者锁定调节配件的装置。

（三）系统的操作与控制（《自喷》第 11 章）

1. 消防水泵的启动方式

消防水泵的启动方式有三种：

（1）自动控制启动。

（2）消防控制室（盘）远程控制。

（3）消防水泵房现场应急操作。

当消防水泵采用自动控制启动方式时，《自喷》11.0.1～11.0.3，根据目前自动喷水灭火系统的应用现状，分别规定了湿式（干式）系统、预作用系统及雨淋（自动控制水幕）系统等不同类型自动喷水灭火系统消防水泵的启动方式，详见表3-9。

表3-9　不同类型自动喷水灭火系统消防水泵的启动方式

系统选型		启泵方式			
		消防水泵出水干管上设置的压力开关	高位消防水箱出水管上的流量开关	报警阀组压力开关直接自动启动	火灾自动报警系统
湿式系统、干式系统		√	√	√	
预作用系统		√	√	√	√
雨淋系统、自动控制水幕系统	火灾自动报警系统控制雨淋报警阀	√		√	√
	充液(水)传动管控制雨淋报警阀	√	√	√	

2. 报警阀组的控制方式

预作用系统、雨淋系统和自动控制的水幕系统，应同时具备下列三种开启报警阀组的控制方式：

（1）自动控制。

（2）消防控制室（盘）远程控制。

（3）预作用装置或雨淋报警阀处现场手动应急操作。

3. 系统的监视与控制要求

（1）监视电源及备用动力的状态。

（2）监视系统的水源、水箱（罐）。

（3）可靠控制水泵的启动并显示反馈信号。

（4）可靠控制雨淋报警阀、电磁阀、电动阀的开启并显示反馈信号。

（5）监视水流指示器、压力开关的动作和复位状态。

（6）可靠控制补气装置，并显示气压。

二、难点剖析

（一）设置场所

《建规》8.3.1~8.3.4规定了应设置的几类建筑或者场所，除另有规定和不宜用水保护或灭火的场所外，均宜采用自动喷水灭火系统。是否需要设置自动喷水灭火系统，决定性的关键因素是火灾危险性和自动扑救初期火灾的必要性，而不是建筑规模。

对于《建规》8.3.1~8.3.4的规定，应注意"建筑面积"和"占地面积"的规定要求，同时对于下列几类特殊建筑应注意。

1. 木器厂房

木器厂房主要指以木材为原料生产、加工各类木质板材、家具、构配件、工艺品、模具等成品、半成品的车间。

2. 邮政建筑

邮政建筑中既有办公，也有邮件处理和邮袋存放功能，在设计中一般按照丙类厂房考虑，并按照不同功能实行较严格的防火分区或者分隔。对于邮件处理车间，可在处理好竖向连通部位的防火分隔条件下，不设置自动喷水灭火系统，但其中的重要部位仍要按照尽量采用对其他邮件及邮件处理设备无较大损害的灭火剂及其灭火系统保护。

3. 医院手术部

根据《医院洁净手术部建筑技术规范》（GB 50333—2013）的规定，可以根据具体情况不在手术室内设置洒水喷头。

4. 老年人照料设施

当受条件限制难以设置普通自动喷水灭火系统，又符合下列要求的老年人建筑，可以采用局部应用自动喷水灭火系统：

（1）室内最大净空高度不超过8 m。

（2）保护区域总建筑面积不超过1000 m^2。

（3）火灾危险性等级不超过中危险级Ⅰ级。

5. 歌舞娱乐放映游艺场所

歌舞娱乐放映游艺场所在任一层建筑面积满足要求的同时，每个厅、室的防火要求应符合《建规》第5章的有关规定。

（二）设置场所的火灾危险等级

设置场所的火灾危险等级是根据火灾荷载、室内空间条件、人员密集程度、采用自动喷水灭火系统扑救初起火灾难易程度，以及疏散条件等因素来划分的。

根据《自喷》第3章，自动喷水灭火系统设置场所的火灾危险等级分为轻危险级、中危险级（Ⅰ级、Ⅱ级）、严重危险级（Ⅰ级、Ⅱ级）和仓库危险级（Ⅰ级、Ⅱ级、Ⅲ级）。

（三）基本设计参数

（1）《自喷》5.0.1规定了湿式系统的设计基本参数，其他类型系统的设计参数均是以此为基础作如下修正：

① 在装有网格、格栅类通透性吊顶的场所，系统的喷水强度应按《自喷》表5.0.1规定值的1.3倍确定。

② 干式系统的作用面积按《自喷》表5.0.1规定值的1.3倍确定。

③ 预作用系统采用仅由火灾自动报警系统直接控制预作用装置时，系统的作用面积应按《自喷》表5.0.1规定值确定，当预作用系统采用由火灾自动报警系统和充气管道上设置的压力开关控制预作用装置时，系统的作用面积应按表5.0.1规定值的1.3倍确定。

④ 采用标准覆盖面积洒水喷头的局部应用系统，喷头布置应符合轻危险级或者中危险级Ⅰ级场所的有关规定，作用面积内开放的喷头数量应符合《自喷》表12.0.3的规定。

采用扩大覆盖面积洒水喷头的系统，喷头布置应符合相应的规定，作用面积内开放的喷头数量按不少于6只确定。

（2）仅在走道设置洒水喷头的闭式系统，其作用面积应按最大疏散距离所对应的走道面积确定。

（3）针对高堆垛、高架仓库等类似场所，自动喷水灭火系统的设计基本参数除应考虑喷头最低工作压力、喷头间距等参数之外，还应特殊考虑"喷头安装方式"这一参数，因为试验表明直立安装、下垂安装等方式会对灭火效果产生影响。

（四）系统组件的设计要求

1. 报警阀组

报警阀组在自动喷水灭火系统中的作用如下：

（1）湿式与干式报警阀用于连通或者关断报警水流，喷头动作后报警水流将驱动水力警铃和压力开关报警；防止水倒流。

（2）雨淋报警阀用于连通或者关断向配水管道的供水。

2. 水流指示器

水流指示器的作用在于将水流信号转换成电信号，用于及时报告发生火灾的部位。根据《自喷》6.3的规定，水流指示器的设置要求如下：

（1）除报警阀组控制的洒水喷头只保护不超过防火分区面积的同层场所外，

每个防火分区和每个楼层均应设置水流指示器。因为，当一个湿式报警阀组仅控制一个防火分区或者一个楼层的喷头时，由于报警阀组的水力警铃和压力开关已能发挥报告火灾部位的作用，因而该类场所允许不设置。

（2）仓库内顶板下洒水喷头与货架内置洒水喷头应分别设置水流指示器。

（3）当水流指示器入口前设置控制阀时，应采用信号阀。

3. 压力开关

压力开关的作用在于将压力信号转化为电信号，根据《自喷》6.4 规定，水流指示器的设置要求如下：

（1）压力开关安装在延迟器出口后端的报警管道上，应采用压力开关控制稳压泵，并应能够调节启停稳压泵的压力。

（2）雨淋系统、防火分隔水幕等开式系统，其水流报警装置宜采用压力开关。这类系统平时报警阀出口后端管道内（系统侧）没有水，系统启动后的管道充水阶段，管道内水的流速较快，容易损伤水流指示器，因此推荐采用压力开关。

4. 末端试水装置

末端试水装置的作用在于检验系统启动、报警及联动等功能，一般安装在系统管网或者分区管网的末端，由试水阀、压力表与试水接头等组件组成。根据《自喷》6.5 的规定，末端试水装置的设置要求如下：

（1）每个闭式报警阀组控制的最不利点洒水喷头处应设置末端试水装置，其他防火分区、楼层均应设直径为 25 mm 的试水阀。为了使末端试水装置能够最有效地模拟实际情况，进行开放一只喷头启动系统等试验，其试水接头出水口的流量系数要求与同楼层或者所在防火分区内采用的最小流量系数的喷头一致。

（2）末端试水装置的出水，应采取孔口出流的方式排入排水管道，因为如果末端试水装置的出水口直接与管道或者软管连接，会改变试水接头出水口的水力状态，影响测试结果；且排水立管宜设置管径不小于 75 mm 的伸顶通气管。

（3）末端试水装置和试水阀应便于操作，距离地面高度宜为 1.5 m，且应有足够排水能力的排水设施。

5. 水力警铃

水力警铃是湿式报警阀开启后，水力驱动发出声报警信号的设备。根据《自喷》6.2.8 的规定，水力警铃的安装要求如下：

（1）应安装在公共通道或者值班室附近的外墙上，并安装检修、测试用的阀门。

（2）水力警铃和报警阀的连接，应采用热镀锌钢管，当镀锌钢管的公称直径为 20 mm 时，其长度不宜大于 20 m。

（3）安装完毕的水力警铃启动时，警铃声强度不小于 70 dB。

（五）系统供水

1. 水源

目前，我国自动喷水灭火系统采用的水源及其供水方式有以下三种：由市政给水管网供水、采用消防水池、采用天然水源。

水源水质要求：系统用水应满足"无污染、无腐蚀、无悬浮物"的水质要求，不能含有可能堵塞管道的纤维物或者其他悬浮物；同时，还应保证持续供水时间内用水量的规定，当水源水量不足时，必须设消防水池。

2. 供水设施

（1）当自动喷水灭火系统中设有 2 个及以上报警阀组时，报警阀组前应设环状供水管道。环状供水管道上设置的控制阀应采用信号阀；当不采用信号阀时，应设置锁定阀位的锁具。

（2）消防水泵。采用临时高压给水系统的自动喷水灭火系统，宜设置独立的消防水泵，并应按照一用一备或者二用一备，以及最大一台消防水泵的工作性能设置备用泵；系统的消防水泵、稳压泵应采用自灌式吸水方式；每组消防水泵的吸水管不应小于 2 根，报警阀入口前设置环状管道的系统，每组消防水泵的出水管不应少于 2 根。

（3）高位水箱。采用临时高压给水系统的自动喷水灭火系统，当按照《消防技术及消火栓系统技术规范》（GB 50974—2014）的规定可以不设置高位消防水箱时，系统应设置气压供水设备。气压供水设备的有效水容积，应按照系统最不利处 4 只喷头在最低工作压力下的 5 min 用水量确定。干式系统、预作用系统设置的气压供水设备，应同时满足配水管道的充水要求。

（4）消防水泵接合器。消防水泵接合器是用于外部增援供水的措施，当系统消防水泵不能正常供水时，由消防车连接消防水泵接合器向系统的管道供水。消防水泵接合器的数量，应按照系统的流量与消防水泵接合器的选型确定。

（六）系统的操作与控制

1. 消防水泵的启动方式

《自喷》11.0.1~11.0.3，根据目前自动喷水灭火系统消防水泵启泵方式的应用现状，分别规定了湿式（干式）系统、预作用系统及雨淋（自动控制水幕）系统等不同类型自动喷水灭火系统消防水泵的启动方式，并与《消防给水及消火栓系统技术规范》（GB 50974—2014）协调一致，具体见表3-9。

2. 电动阀的控制要求

与快速排气阀连接的电动阀，是保证干式系统、预作用系统有压充气管道迅速排气的措施之一。对其控制要求是应在启动消防水泵的同时开启。

第五节　细水雾灭火系统

细水雾灭火系统的审查应依据《细水雾灭火系统技术规范》（GB 50898—2013），该标准简称为《细水雾》。

一、重点内容

（一）适用范围的确定

设置在室内的油浸变压器、充可燃油的高压电容器和多油开关室，可采用细水雾灭火系统。

（1）细水雾灭火系统的适用范围是相对封闭空间内的可燃固体表面火灾、可燃液体火灾和带电设备的火灾。

（2）细水雾灭火系统的不适用范围是可燃固体的深位火灾、与水发生剧烈反应或产生大量有害物质的活泼金属及其化合物火灾、可燃气体火灾。

（二）系统选型

细水雾灭火系统的选型应综合考虑保护对象的火灾危险性及其火灾特性、防护目标和环境条件等。详细内容参见《细水雾》3.1.3、3.1.4。

（1）液压站、配电室、电缆隧道、电缆夹层、电子信息系统机房等场所，宜选择全淹没应用方式的开式系统。

（2）油浸变压器室、涡轮机房、柴油发电机房、润滑油站和燃油锅炉房等场所或部位，宜选择局部应用方式的开式系统。

（3）采用非密集柜存储的图书库、资料库和档案库，可选择闭式系统。

（4）难以设置泵房或消防供电不能满足系统工作要求的场所，可选择瓶组系统，但闭式系统不应采用瓶组系统。

（三）系统设计参数

（1）喷头的最低设计工作压力不应小于1.20 MPa。

（2）对于各种类型的细水雾灭火系统，其喷雾强度、喷头作用面积、布置间距等参数都有严格规定，见表3-10。

表3-10 各类细水雾灭火系统设计参数审查要点

系统类型	设 计 参 数	对应规范条目
闭式系统	（1）喷头的设计工作压力不小于 10 MPa 时，可以根据喷头安装高度确定系统最小喷雾强度和喷头的布置间距，见表3-11。 （2）闭式系统的作用面积不宜小于 140 m²，每套泵组所带喷头数量不应超过 100 只	《细水雾》3.4.2、3.4.3
全淹没应用方式的开式系统	（1）喷头工作压力、喷雾强度、喷头的布置间距、安装高度等内容见表3-12。 （2）其防护区数量不应大于 3 个。单个防护区的容积，对于泵组系统不宜超过 3000 m³，对于瓶组系统不宜超过 260 m³。当超过单个防护区最大容积时，宜将该防护区分成多个分区进行保护	《细水雾》3.4.4、3.4.5
局部应用方式的开式系统	（1）对于外形规则的保护对象，其保护面积应为该保护对象的外表面面积。 （2）对于外形不规则的保护对象，其保护面积应为包容该保护对象的最小规则形体的外表面面积。 （3）对于可能发生可燃液体流淌火或喷射火的保护对象，除满足上述两项要求外，还应包括可燃液体流淌火或喷射火可能影响到的区域的水平投影面积	《细水雾》3.4.6、3.4.7

闭式系统审查要点见表 3-11，全淹没应用方式的开式系统审查要点见表 3-12。

表3-11 闭式系统审查要点

应用场所	喷头的安装高度/m	系统的最小喷雾强度/($L \cdot min^{-1} \cdot m^{-2}$)	喷头的布置间距/m
采用非密集柜储存的图书库、资料库、档案库	>3.0 且≤5.0	3.0	>2.0 且≤3.0
	≤3.0	2.0	

表3-12 全淹没应用方式的开式系统审查要点

应 用 场 所	喷头的工作压力/MPa	喷头的安装高度/m	系统的最小喷雾强度/($L \cdot min^{-1} \cdot m^{-2}$)	喷头最大布置间距/m
油浸变压器室、液压站、润滑油站、柴油发电机室、燃油锅炉房等	>1.2 且≤3.5	≤7.5	2.0	2.5
电缆隧道、电缆夹层		≤5.0	2.0	
文物库，以密集柜存储的图书库、资料库、档案库		≤3.0	0.8	

表3-12（续）

应 用 场 所		喷头的工作压力/MPa	喷头的安装高度/m	系统的最小喷雾强度/（L·min⁻¹·m⁻²）	喷头最大布置间距/m
油浸变压器室、涡轮机室等		≥10	≤7.5	1.2	3.0
液压站、柴油发电机室、燃油锅炉房等			≤5.0	1.0	
电缆隧道、电缆夹层			>3.0且≤5.0	2.0	
文物库，以密集柜存储的图书库、资料库、档案库			≤3.0	1.0	
			>3.0且≤5.0	2.0	
电子信息系统机房、通信机房	主机工作空间		≤3.0	0.7	
	地板夹层		≤3.0	0.3	

（3）开式系统的设计响应时间不应大于30 s。采用全淹没应用方式的开式系统，当采用瓶组系统且在同一防护区内使用多组瓶组时，各瓶组应能同时启动，其动作响应时差不应大于2 s。

（4）系统的设计持续喷雾时间应符合规定，见表3-13。

表3-13 细水雾灭火系统设计持续喷雾时间

保 护 对 象	设计持续喷雾时间
电子信息系统机房、配电室等电子、电气设备间，图书库、资料库、档案库、文物库、电缆隧道和电缆夹层	≥30 min
油浸变压器室、涡轮机房、柴油发电机房、液压站、润滑油站、燃油锅炉房等含有可燃液体的机械设备间	≥20 min
厨房内烹饪设备及其排烟罩和排烟管道部位	持续喷雾时间≥15 s，设计冷却时间≥15 min

另外，对于瓶组系统，系统的设计持续喷雾时间可按其实体火灾模拟试验灭火时间的2倍确定，且不宜小于10 min。

（四）组件选型与布置

（1）对于闭式系统，应选择响应时间指数（RTI）不大于50（m·s）⁰·⁵的喷头，其公称动作温度宜高于环境最高温度30 ℃，且同一防护区内应采用相同热敏性能的喷头。

（2）在闭式系统中，喷头与墙壁的距离不应大于喷头最大布置间距的1/2。喷头的感温组件与顶棚或梁底的距离不宜小于75 mm，并不宜大于150 mm。

（3）采用局部应用方式的开式系统，喷头与保护对象的距离不宜小于0.5 m。用于保护室内油浸变压器时，当变压器高度超过4 m时，喷头宜分层布置。当冷却器距变压器本体超过0.7 m时，应在其间隙内增设喷头。喷头不应直接对准高压进线套管。当变压器下方设置集油坑时，喷头布置应能使细水雾完全覆盖集油坑。

（4）喷头与无绝缘带电设备的最小距离应符合规定，见表3-14。

表3-14　喷头与无绝缘带电设备的最小距离

带电设备额定电压等级 U/kV	最小距离/m	对应规范条目
$110 < U \leqslant 220$	2.2	《细水雾》3.2.5
$35 < U \leqslant 110$	1.1	
$U \leqslant 35$	0.5	

（5）开式系统应按防护区设置分区控制阀。闭式系统应按楼层或防火分区设置分区控制阀。

（6）系统组件、管道和管道附件的公称压力不应小于系统的最大设计工作压力。对于泵组系统，水泵吸水口至储水箱之间的管道、管道附件、阀门的公称压力，不应小于1.0 MPa。

（7）设置在有爆炸危险环境中的系统，其管网和组件应采取静电导除措施。

二、难点剖析

对于不同类型的细水雾灭火系统，系统的设计流量有各自的计算方法。因此，首先要根据设置场所确定使用的细水雾系统的类型，然后再根据喷头的数量和流量，计算系统的设计流量。不同类型细水雾灭火系统设计流量的计算方法见表3-15。

表3-15　不同类型细水雾灭火系统设计流量的计算方法

系统类型	系统设计流量的计算方法	对应规范条目
闭式系统	水力计算最不利的计算面积内所有喷头的流量之和	《细水雾》3.4.18、3.4.19
全淹没应用方式保护多个防护区的开式系统	最大一个防护区内喷头的流量之和。当防护区间无耐火构件分隔且相邻时，系统的设计流量应为计算防护区与相邻防护区内的喷头同时开放时的流量之和，并应取其中最大值	
局部应用方式的开式系统	保护面积内所有喷头的流量之和	

喷头流量的计算式为

$$q = K\sqrt{10p} \tag{3-1}$$

式中 q——喷头的流量，L/min；

p——喷头的设计工作压力，MPa；

K——喷头的流量系数，其值由喷头制造商提供。

系统设计流量的计算式为

$$Q_s = \sum_{i=1}^{n} q_i \tag{3-2}$$

式中 Q_s——系统的设计流量，L/min；

n——喷头数；

q_i——喷头的流量，L/min。

第六节 水喷雾灭火系统

水喷雾灭火系统的审查应依据《水喷雾》和《建规》。

一、重点内容

（一）适用范围

水喷雾灭火系统可以进行灭火和防护冷却，适用范围根据防护目的而确定。其适用范围见表3-16。

表3-16 水喷雾灭火系统的适用范围

类别	重点内容	审 查 要 点	对应规范条目
适用范围	灭火	（1）固体物质火灾。 （2）丙类液体火灾和饮料酒火灾，如燃油锅炉、发电机油箱、丙类液体输油管道火灾等。 （3）电气火灾，如油浸式电力变压器、电缆隧道、电缆沟、电缆井、电缆夹层等处发生的电气火灾	《水喷雾》1.0.3、1.0.4
	防护冷却	可燃气体和甲、乙、丙类液体的生产、储存装置或装卸设施	
不适用范围	不适宜用水扑救的物质	（1）过氧化物。如过氧化钾、过氧化钠、过氧化钡、过氧化镁等，遇水放出反应热和氧气，引起爆炸或燃烧。 （2）遇水燃烧物质。如金属钾、钠、碳化钙、碳化铝、碳化钠、碳化钾等，遇水夺取水中的氧，放出热量和可燃气体，造成爆炸或燃烧	

表 3-16（续）

类别	重点内容	审 查 要 点	对应规范条目
不适用范围	使用水雾会造成爆炸或破坏的场所	（1）高温密闭的容器内或空间内。水雾的急剧汽化使容器或空间内的压力急剧升高，有造成破坏或爆炸的危险。 （2）表面温度经常处于高温状态的可燃液体。当水雾喷射至其表面时会造成可燃液体的飞溅，致使火灾蔓延	《水喷雾》1.0.3、1.0.4

（二）设置场所

水喷雾灭火系统经常设置在下列场所，详细内容参见《建规》8.3.8：

（1）单台容量在 40 MV·A 及以上的厂矿企业油浸变压器，单台容量在 90 MV·A 及以上的电厂油浸变压器，单台容量在 125 MV·A 及以上的独立变电站油浸变压器。

（2）飞机发动机试验台的试车部位。

（3）充可燃油并设置在高层民用建筑内的高压电容器和多油开关室。

（三）系统设计参数

水喷雾系统的设计基本参数根据保护对象和防护目的确定。

1. 水雾喷头的工作压力

用于灭火目的时，水雾喷头的工作压力不应小于 0.35 MPa；用于防护冷却目的时，水雾喷头的工作压力不应小于 0.2 MPa。但对于甲$_B$、乙、丙类液体储罐不应小于 0.15 MPa。

2. 水喷雾灭火系统的保护面积

保护面积是指保护对象全部暴露外表面面积，保护面积的确定规则见表 3-17。详细内容参见《水喷雾》3.1.4~3.1.11。

表 3-17　水喷雾灭火系统的保护面积

保护对象	保护面积
具备规则的外表面	外表面面积
具备不规则的外表面	包容保护对象的最小规则形体的外表面面积
变压器	变压器油箱外表面面积（不包括底面面积），加上散热器的外表面面积和油枕及集油坑的投影面积
分层敷设电缆	整体包容电缆的最小规则形体的外表面面积
液化石油气灌瓶间	使用面积
液化石油气瓶库、陶坛或桶装酒库	防火分区的建筑面积
输送机皮带	上行皮带的上表面面积，长距离的皮带宜实施分段保护，但每段长度不宜小于 100 m

表 3-17（续）

保护对象	保护面积
开口可燃液体容器	液体面积
甲、乙类液体泵，可燃气体压缩机及其他相关设备	相应设备的投影面积，且水雾应包络密封面和其他关键部位

3. 系统的喷雾供给强度、持续供给时间和响应时间

系统的喷雾供给强度、持续供给时间和响应时间见表 3-18。供给强度和持续供给时间不应小于表 3-18 的规定，响应时间不应大于表 3-18 的规定。详细内容参见《水喷雾》3.1.2。

表 3-18　系统的供给强度、持续供给时间和响应时间

防护目的	保护对象				供给强度/（L·min⁻¹·m⁻²）	持续供给时间/h	响应时间/s
灭火	固体物质火灾				15	1	60
	输送机皮带				10	1	60
	液体火灾	闪点 60~120 ℃的液体			20	0.5	60
		闪点高于 120 ℃的液体			13		
		饮料酒			20		
	电气火灾	油浸式电力变压器、油断路器			20	0.4	60
		油浸式电力变压器的集油坑			6		
		电缆			13		
防护冷却	甲B、乙、丙类液体储罐	固定顶罐			2.5	直径大于 20 m 的固定顶罐为 6 h，其他为 4 h	300
		浮顶罐			2.5		
		相邻罐			2.0		
	液化烃或类似液体储罐	全压力、半冷冻式储罐			9	6	120
		全冷冻式储罐	单、双容罐	罐壁	2.5		
				罐顶	4		
			全容罐	罐顶泵平台、管道进出口等局部危险部位	20		
				管带	10		
		液氨储罐			6		
	甲、乙类液体及可燃气体生产、输送、装卸设备				9	6	120
	液化石油气灌瓶间、瓶库				9	6	60

（四）组件选型与布置

1. 水雾喷头

（1）离心雾化型水雾喷头适合扑救电气火灾，水雾喷头应带柱状过滤网。室内粉尘场所设置的水雾喷头应带防尘帽，室外设置的水雾喷头宜带防尘帽。

（2）水雾喷头与保护对象的有效距离不应大于水雾喷头的有效射程。

（3）水喷雾灭火系统的保护对象和布置要求见表3-19。详细内容参见《水喷雾》3.2.5~3.2.14。

表3-19　水喷雾灭火系统的保护对象和布置要求

保护对象	布置要求
油浸式电力变压器	变压器的绝缘子升高座孔口、油枕、散热器、集油坑均应设喷头进行保护，水雾喷头之间的水平距离和垂直距离应满足水雾锥相交的要求
甲、乙、丙类液体和可燃气体储罐	水雾喷头与保护储罐外壁之间的距离不应大于0.7 m
球罐	水雾喷头的喷口应面向球心；水雾锥沿球罐纬线方向应相交，沿经线方向应相接；当球罐的容积等于或大于1000 m³时，水雾锥沿球罐纬线方向应相交，沿经线方向宜相接，但赤道以上环管之间的距离不应大于3.6 m；无防护层的球罐钢支柱和罐体液位计、阀门等处应设水雾喷头进行保护
电缆	水雾喷头的布置应使水雾完全包围电缆
输送机皮带	水雾喷头的设置应使水雾完全包络着火输送机的机头、机尾和上行皮带上表面

2. 雨淋阀组

雨淋阀组的功能和设置要求可参见《水喷雾》4.0.3。

（1）响应时间不大于120 s的系统，应设置雨淋阀组。

（2）接收电控信号的雨淋报警阀组应能电动开启，接收传动管信号的雨淋报警阀组应能液动或气动开启。

（3）具有远程手动控制和现场应急机械启动功能。

3. 管道

（1）管道工作压力不应大于1.6 MPa。

（2）系统管道采用镀锌钢管时，公称直径不应小于25 mm；采用不锈钢管或铜管时，公称直径不应小于20 mm。

（3）管道的低处应设置放水阀或排污口。

关于管道的详细设置要求可参见《水喷雾》4.0.6。

二、难点剖析

（一）确定保护对象水雾喷头的数量

保护对象的水雾喷头的数量应根据工作压力、喷雾强度、保护面积等进行计算。首先计算水雾喷头的流量，然后再根据流量计算喷头数量。水雾喷头的流量可按下式计算：

$$q = K\sqrt{10p}$$

式中 q——水雾喷头的流量，L/min；

p——水雾喷头的工作压力，MPa；

K——水雾喷头的流量系数，其值由喷头制造商提供。

保护对象的水雾喷头的计算数量可按下式计算：

$$N = \frac{SW}{q} \qquad (3-3)$$

式中 N——保护对象的水雾喷头的计算数量，只；

S——保护对象的保护面积，m^2；

W——保护对象的设计供给强度，$L/(min \cdot m^2)$。

（二）确定水雾喷头的布置方式

水雾喷头的平面布置方式可分为矩形布置或菱形布置。当按矩形布置时，水雾喷头之间的距离不应大于水雾喷头水雾锥底圆半径的 1.4 倍；当按菱形布置时，水雾喷头之间的距离不应大于水雾喷头水雾锥底圆半径的 1.7 倍。水雾锥底圆半径按下式计算：

$$R = B\tan\frac{\theta}{2} \qquad (3-4)$$

式中 R——水雾锥底圆半径，m；

B——水雾喷头的喷口与保护对象之间的距离，m；

θ——水雾喷头的雾化角，(°)。

第七节 气体灭火系统

气体灭火系统的审查应依据：

（1）《建规》。

（2）《气体灭火系统设计规范》（GB 50370—2005），该标准简称为《气体灭火》。

（3）《二氧化碳灭火系统设计规范》（GB 50193—1993，2010 年版），该标准简称为《二氧化碳灭火》。

一、系统选型和设置场所

（一）重点内容

1. 设置场所（《建规》8.3.9）

下列场所应设置自动灭火系统，并宜采用气体灭火系统：

（1）国家、省级或人口超过100万人的城市广播电视发射塔内的微波机房、分米波机房、米波机房、变配电室和不间断电源（UPS）室。

（2）国际电信局、大区中心、省中心和一万路以上的地区中心内的长途程控交换机房、控制室和信令转接点室。

（3）两万线以上的市话汇接局和六万门以上的市话端局内的程控交换机房、控制室和信令转接点室。

（4）中央及省级公安、防灾和网局级及以上的电力等调度指挥中心内的通信机房和控制室。

（5）A、B级电子信息系统机房内的主机房和基本工作间的已记录磁（纸）介质库。

（6）中央和省级广播电视中心内建筑面积不小于120 m² 的音像制品库房。

（7）国家、省级或藏书量超过100万册的图书馆内的特藏库；中央和省级档案馆内的珍藏库和非纸质档案库；大、中型博物馆内的珍品库房；一级纸绢质文物的陈列室。

（8）其他特殊重要设备室。

2. 选型

（1）二氧化碳全淹没灭火系统不应用于经常有人停留的场所。

（2）IG541混合气体灭火系统，因其灭火效能较低，以及在高压喷放时可能导致可燃易燃液体飞溅及汽化，有造成火势扩大蔓延的危险，一般不提倡用于扑救主燃料为液体的火灾。

（3）热气溶胶预制灭火系统不应设置在人员密集场所、有爆炸危险住的场所及有超净要求的场所（如制药、芯片加工等处）。K型及其他型热气溶胶预制灭火系统不得用于电子计算机房、通信机房等场所。

详见《气体灭火》3.2.1~3.2.3，《二氧化碳灭火》1.0.4~1.0.5。

（二）难点剖析

1. 气体灭火系统

气体灭火系统适用于扑救下列火灾：

（1）电气火灾。

（2）固体表面火灾。

（3）液体火灾。

（4）灭火前能切断气源的气体火灾。

注：除电缆隧道（夹层、井）及自备发电机房外，K 型和其他型热气溶胶预制灭火系统不得用于其他电气火灾。

2. 气体灭火系统

气体灭火系统不适用于扑救下列火灾：

（1）硝化纤维、硝酸钠等氧化剂或含氧化剂的化学制品火灾。

（2）钾、镁、钠、钛、锆、铀等活泼金属火灾。

（3）氢化钾、氢化钠等金属氢化物火灾。

（4）过氧化氢、联胺等能自行分解的化学物质火灾。

（5）可燃固体物质的深位火灾。

3. 气体灭火系统的典型应用场所

（1）电器和电子设备。

（2）通信设备。

（3）易燃、可燃的液体和气体。

（4）其他高价值的财产和重要场所（部位）。

凡固体类（含木材、纸张、塑料、电器等）火灾，《气体灭火》都指扑救表面火灾而言，所作的技术规定和给定的技术数据，都是在此前提下给出的；不仅是七氟丙烷和 IG541 混合气体灭火系统如此，凡卤代烷气体灭火系统，以及除二氧化碳灭火系统以外的其他混合气体灭火系统概无例外。《气体灭火》的规定不适用于固体深位火灾。

二、防护区

（一）重点内容

气体灭火系统防护区审查要点见表 3-20。

表 3-20　气体灭火系统防护区审查要点

重点内容	审　查　要　点	对应规范条目
数量限制	两个或两个以上的防护区采用组合分配系统时，一个组合分配系统所保护的防护区不应超过 8 个	《气体灭火》3.1.4

表 3-20（续）

重点内容	审 查 要 点	对应规范条目
保护容积的限制	防护区划分应符合下列规定： （1）防护区宜以单个封闭空间划分；同一区间的吊顶层和地板下需同时保护时，可合为一个防护区。 （2）采用管网灭火系统时，一个防护区的面积不宜大于 800 m²，且容积不宜大于 3600 m³。 （3）采用预制灭火系统时，一个防护区的面积不宜大于 500 m²，且容积不宜大于 1600 m³。 （4）采用热气溶胶预制灭火系统的防护区，其高度不宜大于 6.0 m。 单台热气溶胶预制灭火系统装置的保护容积不应大于 160 m³；设置多台装置时，其相互间的距离不得大于 10 m	《气体灭火》3.1.16、3.1.17、3.2.4
围护结构及门、窗的耐火极限	防护区围护结构及门、窗的耐火极限均不宜低于 0.50 h；吊顶的耐火极限不宜低于 0.25 h。当吊顶层与工作层划为同一防护区时，吊顶的耐火极限不作要求	《气体灭火》3.2.5
围护结构承受内的允许压强	防护区围护结构承受内压的允许压强，不宜低于 1200 Pa。 热气溶胶灭火剂在实施灭火时所产生的气体量比七氟丙烷和 IG 541 要少 50% 以上，再加上喷放相对缓慢，不会造成防护区内压力急速明显上升，所以，当采用热气溶胶灭火系统时可以放宽对围护结构承压的要求	《气体灭火》3.2.6
泄压设施	（1）防护区应设置泄压口，七氟丙烷灭火系统、二氧化碳灭火系统的泄压口应位于防护区净高的 2/3 以上。 （2）喷放灭火剂前，防护区内除泄压口外的开口能应自行关闭	《气体灭火》3.2.7~3.2.9
建筑设计	（1）防护区的最低环境温度不应低于−10 ℃。 二氧化碳气体灭火系统无最低环境温度的要求。 （2）采用气体灭火系统的防护区，应设置火灾自动报警系统，并应选用灵敏度级别高的火灾探测器。 （3）防护区应有保证人员在 30 s 内疏散完毕的通道和出口。 （4）防护区内的疏散通道及出口，应设应急照明与疏散指示标志。 （5）采用全淹没灭火系统的防护区，应符合相应规定	《气体灭火》3.2.10、5.0.1、6.0.1、6.0.2、《二氧化碳灭火》3.1.2、7.0.7

（二）难点剖析

1. 组合分配系统的设计原则

对被组合的防护区只按一次火灾考虑；不存在防护区之间火灾蔓延的条件，即可对它们实行共同防护。

2. 共同防护的含义

共同防护是指被组合的任一防护区里发生火灾，都能实行灭火并达到灭火要求。组合分配系统灭火剂的储存量，按其中所需的系统储存量最大的一个防护区的储存量来确定。但防护区面积、体积最大，或是采用灭火设计浓度最大，其系统储存量不一定最大。

3. 泄压口的设置位置

防护区设置的泄压口，宜设在外墙上。泄压口面积按相应气体灭火系统设计规定计算。

4. 泄压口面积计算

1）七氟丙烷灭火系统

七氟丙烷防护区的泄压口面积，宜按下式计算：

$$F_x = 0.15 \frac{Q_x}{\sqrt{p_f}} \qquad (3-5)$$

式中　F_x——泄压口面积，m^2；

　　　Q_x——灭火剂在防护区的平均喷放速率，kg/s；

　　　p_f——围护结构承受内压的允许压强，Pa。

2）IG541灭火系统

由于IG541灭火系统在喷放过程中，初始喷放压力高于平均流量的喷放压力约1倍，故推算结果是，初始喷放的峰值流量约是平均流量的$\sqrt{2}$倍。因此，《气体灭火》中的计算公式是按平均流量的$\sqrt{2}$倍求出的。喷放速率小，允许压强大，则泄压口面积小；反之，则泄压口面积大。建筑物的内压允许压强见表3-21。

表3-21　建筑物的内压允许压强

建筑物类型	允许压强/Pa
轻型和高层建筑	1200
标准建筑	2400
重型和地下建筑	4800

IG541灭火系统防护区的泄压口面积，宜按下式计算：

$$F_x = 1.1 \frac{Q_x}{\sqrt{p_f}} \qquad (3-6)$$

式中　F_x——泄压口面积，m^2；

　　　Q_x——灭火剂在防护区的平均喷放速率，kg/s；

p_f——围护结构承受内压的允许压强，Pa。

3）二氧化碳灭火系统

二氧化碳灭火系统泄压口的面积可按下式计算：

$$A_x = 0.0076 \frac{Q_t}{\sqrt{p_t}} \tag{3-7}$$

式中　A_x——泄压口面积，m^2；

　　　Q_t——二氧化碳喷射率，kg/min；

　　　p_t——围护结构的允许压强，Pa。

三、系统的设计参数

（一）灭火剂用量、储存量

有爆炸危险的气体、液体类火灾的防护区，应采用惰化设计浓度；无爆炸危险的气体、液体类火灾和固体类火灾的防护区，应采用灭火设计浓度。气体灭火系统灭火剂用量、储存量审查要点见表3-22。

表3-22　气体灭火系统灭火剂用量、储存量审查要点

审　查　要　点	对应规范条目
（1）二氧化碳灭火系统。 ① 二氧化碳设计浓度不应小于灭火浓度的1.7倍，并不得低于34%。各类可燃物的二氧化碳设计浓度详见《二氧化碳灭火》附录A。 ② 当防护区内存有两种及两种以上可燃物时，防护区的二氧化碳设计浓度应采用可燃物中最大的二氧化碳设计浓度。 （2）七氟丙烷灭火系统。 ① 七氟丙烷灭火系统的灭火设计浓度不应小于灭火浓度的1.3倍，惰化设计浓度不应小于惰化浓度的1.1倍。 ② 防护区实际应用的浓度不应大于灭火设计浓度的1.1倍。 （3）IG541混合气体灭火系统。 IG541混合气体灭火系统的灭火设计浓度不应小于灭火浓度的1.3倍，惰化设计浓度不应小于灭火浓度的1.1倍。 （4）气溶胶灭火装置。 热气溶胶预制灭火系统的灭火设计密度不应小于灭火密度的1.3倍	《二氧化碳灭火》3.2.1、3.2.2，《气体灭火》3.3.1～3.3.6、3.4.1～3.4.2、3.5.2～3.5.4

（二）设计喷放时间及抑制时间

气体灭火系统设计喷放时间及抑制时间审查要点见表3-23。具体内容详见《二氧化碳灭火》3.2.8、3.3.2，《气体灭火》3.3.7、3.4.3、3.5.5。

表 3-23 气体灭火系统设计喷放时间及抑制时间审查要点

重点内容	审查要点	
	喷放时间	抑制时间
二氧化碳灭火系统	（1）全淹没灭火系统二氧化碳的喷放时间不应大于 1 min。当扑救固体深位火灾时，喷放时间不应大于 7 min，并应在前 2 min 内使二氧化碳的浓度达到 30%。 （2）局部应用灭火系统的二氧化碳喷射时间不应小于 0.5 min。对于燃点温度低于沸点温度的液体和可熔化固体的火灾，二氧化碳的喷射时间不应小于 1.5 min	二氧化碳扑救固体深位火灾的抑制时间详见《二氧化碳灭火》附录 A 的规定采用
七氟丙烷灭火系统	在通信机房和电子计算机房等防护区，设计喷放时间不应大于 8 s；在其他防护区，设计喷放时间不应大于 10 s	（1）木材、纸张、织物等固体表面火灾，宜采用 20 min。 （2）通信机房、电子计算机房内的电气设备火灾，应采用 5 min。 （3）其他固体表面火灾，宜采用 10 min。 （4）气体和液体火灾，不应小于 1 min
IG541 混合气体灭火系统	当 IG541 混合气体灭火剂喷放至设计用量的 95% 时，其喷放时间不应大于 60 s，且不应小于 48 s	（1）木材、纸张、织物等固体表面火灾，宜采用 20 min。 （2）通信机房、电子计算机房内的电气设备火灾，宜采用 10 min。 （3）其他固体表面火灾，宜采用 10 min
溶胶灭火装置	在通信机房、电子计算机房等防护区，灭火剂喷放时间不应大于 90 s，喷口温度不应大于 150 ℃；在其他防护区，喷放时间不应大于 120 s，喷口温度不应大于 180 ℃	（1）木材、纸张、织物等固体表面火灾，应采用 20 min。 （2）通信机房、电子计算机房等防护区火灾及其他固体表面火灾，应采用 10 min

（三）难点剖析

1. 防护区的设计

（1）有爆炸危险的气体、液体类火灾的防护区，应采用惰化设计浓度；无爆炸危险的气体、液体类火灾和固体类火灾的防护区，应采用灭火设计浓度。

（2）几种可燃物共存或混合时，灭火设计浓度或惰化设计浓度，应按其中最大的灭火设计浓度或惰化设计浓度确定。

（3）组合分配系统的灭火剂储存量，应按储存量最大的防护区确定。

（4）灭火系统的灭火剂储存量，应为防护区的灭火设计用量、储存容器内的灭火剂剩余量和管网内的灭火剂剩余量之和。

2. 灭火剂设计用量及储存量计算

1）二氧化碳灭火剂的设计用量及储存量

（1）全淹没二氧化碳灭火系统的设计用量按下式计算：

$$M = K_b(K_1A + K_2A) \tag{3-8}$$
$$A = A_V + 30A_0$$
$$V = V_V - V_g$$

式中　M——二氧化碳设计用量，kg；

　　　K_b——物质系数；

　　　K_1——面积系数，取 0.2 kg/m²；

　　　K_2——体积系数，取 0.7 kg/m³；

　　　A——折算面积，m²；

　　　A_V——防护区的内侧面、底面、顶面（包括其中的开口）的总面积，m²；

　　　A_0——开口总面积，m²；

　　　V——防护区的净容积，m³；

　　　V_V——防护区容积，m³；

　　　V_g——防护区内不燃烧体和难燃烧体的总体积，m³。

当防护区的环境温度超过 100 ℃时，二氧化碳的设计用量应在此计算值的基础上每超过 5 ℃增加 2%。

当防护区的环境温度低于 −20 ℃时，二氧化碳的设计用量应在此计算值的基础上每降低 1 ℃增加 2%。

（2）局部应用二氧化碳灭火系统的设计用量的计算方法有两种。

面积法：适用于保护对象的着火部位为比较规则的表面。

按照下式计算设计用量：

$$M = NQ_it \tag{3-9}$$

式中　M——二氧化碳设计用量，kg；

　　　N——喷头数量；

　　　Q_i——单个喷头的设计流量，kg/min；

　　　t——喷射时间，min。

体积法：适用于着火对象为不规则物体。

按照下式计算设计用量：

$$M = V_1 q_v t \tag{3-10}$$

$$q_v = K_b \left(16 - \frac{12A_p}{A_t} \right) \tag{3-11}$$

式中　V_1——保护对象的计算体积，m^3；

　　　q_v——单位体积的喷射率，$kg/(min \cdot m^3)$；

　　　A_t——假定的封闭罩侧面围封面面积，m^2；

　　　A_p——在假定的封闭罩中存在的实体墙等实际围封面的面积，m^2。

2）七氟丙烷灭火剂用量及储存量的计算

（1）灭火设计用量或惰化设计用量应按下式计算：

$$W = K \frac{V}{S} \cdot \frac{C_1}{100 - C_1} \tag{3-12}$$

式中　W——灭火设计用量或惰化设计用量，kg；

　　　C_1——灭火设计浓度或惰化设计浓度，%；

　　　S——灭火剂过热蒸气在101 kPa大气压和防护区最低环境温度下的质量体积，m^3/kg；

　　　V——防护区的净容积，m^3；

　　　K——海拔高度修正系数。

（2）灭火剂过热蒸气在101 kPa大气压和防护区最低环境温度下的质量体积，应按下式计算：

$$S = 0.1269 + 0.000513T \tag{3-13}$$

式中　T——防护区最低环境温度，℃。

（3）系统灭火剂储存量应按下式计算：

$$W_0 = W + \Delta W_1 + \Delta W_2 \tag{3-14}$$

式中　W_0——系统灭火剂储存量，kg；

　　　ΔW_1——储存容器内的灭火剂剩余量，kg；

　　　ΔW_2——管道内的灭火剂剩余量，kg。

（4）均衡管网和只含一个封闭空间的非均衡管网，其管网内的剩余量均可不计。

（5）防护区中含两个或两个以上封闭空间的非均衡管网，其管网内的剩余量，可按各支管与最短支管之间的长度差值容积量计算。

3）IG541灭火剂用量及储存量

（1）灭火设计用量或惰化设计用量应按下式计算：

$$W = K \frac{V}{S} \ln\left(\frac{100}{100 - C_1}\right) \tag{3-15}$$

式中　W——灭火设计用量或惰化设计用量，kg；

　　　C_1——灭火设计浓度或惰化设计浓度，%；

　　　V——防护区净容积，m^3；

　　　S——灭火剂气体在 101 kPa 大气压和防护区最低环境温度下的质量体积，m^3/kg；

　　　K——海拔高度修正系数。

（2）灭火剂气体在 101 kPa 大气压和防护区最低环境温度下的质量体积，应按下式计算：

$$S = 0.6575 + 0.0024T \tag{3-16}$$

式中　T——防护区最低环境温度，℃。

（3）系统灭火剂储存量，应为防护区灭火设计用量及系统灭火剂剩余量之和，系统灭火剂剩余量应按下式计算：

$$W_S \geq 2.7V_0 + 2.0V_P \tag{3-17}$$

式中　W_S——系统灭火剂剩余量，kg；

　　　V_0——统全部储存容器的总容积，m^3；

　　　V_P——管网的管道内容积，m^3。

4）气溶胶灭火剂用量及储存量

（1）灭火设计用量按下式计算：

$$W = C_2 K_V V \tag{3-18}$$

式中　W——灭火设计用量，kg；

　　　C_2——灭火设计密度，kg/m^3；

　　　V——防护区净容积，m^3；

　　　K_V——容积修正系数，$V < 500\ m^3$，$K_V = 1.0$；$500\ m^3 \leq V < 1000\ m^3$，$K_V = 1.1$；$V \geq 1000\ m^3$，$K_V = 1.2$。

（2）气溶胶灭火剂储存用量等于设计用量。

四、系统的操作与控制

（一）重点内容

气体灭火系统的操作与控制审查要点见表 3-24。

表3-24　气体灭火系统的操作与控制审查要点

重点内容	审查要点	对应规范条目
启动方式	（1）管网灭火系统应设自动控制、手动控制和机械应急操作三种启动方式。预制灭火系统应设自动控制和手动控制两种启动方式。 （2）二氧化碳灭火系统应设有自动控制、手动控制和机械应急操作三种启动方式；当局部应用灭火系统用于经常有人的保护场所时可不设自动控制	《气体灭火》5.0.2，《二氧化碳灭火》6.0.1
操作与控制	（1）采用自动控制启动方式时，根据人员安全撤离防护区的需要，应有不大于30 s的可控延迟喷射；对于平时无人工作的防护区，可设置为无延迟的喷射。 （2）灭火设计浓度或实际使用浓度大于无毒性反应浓度（NOAEL浓度）的防护区和采用热气溶胶预制灭火系统的防护区，应设手动与自动控制的转换装置。当人员进入防护区时，应能将灭火系统转换为手动控制方式；当人员离开时，应能恢复为自动控制方式。防护区内外应设手动、自动控制状态的显示装置	《气体灭火》5.0.3~5.0.7、5.0.9，《二氧化碳灭火》6.0.2、6.0.4、6.0.5

（二）难点剖析

1. 延迟时间的设置

对于平时无人工作的防护，延迟喷射的延时设置可为0。这里所说的平时无人工作防护区，对于本灭火系统通常的保护对象来说，可包括：变压器室、开关室、泵房、地下金库、发动机试验台、电缆桥架（隧道）、微波中继站、易燃液体库房和封闭的能源系统等。对于有人工作的防护区，一般采用手动控制方式较为安全。

2. 火灾信号组合的选择

采用哪种火灾探测器组合来提供"两个"独立的火灾信号，必须根据防护区及被保护对象的具体情况来选择。例如，对于通信机房和计算机房，一般用温控系统维持房间温度在一定范围；当发生火灾时，起初防护区温度不会迅速升高，感烟探测器会较快感应。此类防护区在火灾探测器的选择和线路设计上，除考虑采用温-烟的两个独立火灾信号的组合外，更可考虑采用烟-烟的两个独立火灾信号的组合，而提早灭火控制的启动时间。

五、储瓶间

气体灭火系统储瓶间审查要点详见：《气体灭火》4.1.1、6.0.5，《二氧化碳灭火》5.1.1、5.1.7。

（一）气体灭火系统

（1）储瓶间宜靠近防护区，并应符合建筑物耐火等级不低于二级的有关规定及有关压力容器存放的规定，且应有直接通向室外或疏散走道的出口。

（2）储瓶间和设置预制灭火系统的防护区的环境温度应为-10~50 ℃。

（3）储瓶间的门应向外开启，储瓶间内应设应急照明；储瓶间应有良好的通风条件，地下储瓶间应设机械排风装置，排风口应设在下部，可通过排风管排出室外。

（二）二氧化碳灭火系统

（1）高压系统的储存装置的环境温度应为0~49 ℃。

（2）低压系统的储存装置应远离热源，其位置应便于再充装，其环境温度宜为-23~49 ℃。

（3）储存装置宜设在专用的储存容器间内。局部应用灭火系统的储存装置可设置在固定的安全围栏内。

第八节　干粉与泡沫灭火系统

一、干粉灭火系统的设计审查

干粉灭火系统的设计审查应依据：

（1）《干粉灭火系统设计规范》（GB 50347—2004），该标准简称为《干粉灭火》。

（2）《干粉灭火系统及部分通用技术条件》（GB 16668—2010），该标准简称为《干粉技术》。

（一）重点内容

1. 系统的适用范围和选型

干粉灭火系统系统选型和设置场所审查要点见表3-25。

表3-25　干粉灭火系统系统选型和设置场所审查要点

重点内容	审 查 要 点	对应规范条目
设置场所	（1）干粉灭火系统可用于扑救下列火灾： ① 灭火前可切断气源的气体火灾。 ② 易燃、可燃液体和可熔化固体火灾。 ③ 可燃固体表面火灾。 ④ 带电设备火灾。 （2）干粉灭火系统不得用于扑救下列物质的火灾： ① 硝化纤维、炸药等无空气仍能迅速氧化的化学物质与强氧化剂。 ② 钾、钠、镁、钛、锆等活泼金属及其氢化物	《干粉灭火》 1.0.4、1.0.5

表 3-25（续）

重点内容	审 查 要 点	对应规范条目
选型	（1）灭火系统选型： 扑救封闭空间内的火灾应采用全淹没灭火系统；扑救具体保护对象的火灾应采用局部应用灭火系统。 （2）灭火剂选型： 可燃气体，易燃、可燃液体和可熔化固体火灾宜采用碳酸氢钠干粉灭火剂（即 BC 类干粉灭火剂）；可燃固体表面火灾应采用磷酸铵盐干粉灭火剂（即 ABC 类干粉灭火剂）	《干粉灭火》3.1.1、3.1.5

2. 防护区和保护对象

干粉灭火系统按应用方式可分为全淹没灭火系统和局部应用灭火系统。扑救封闭空间内的火灾应采用全淹没灭火系统。扑救具体保护对象的火灾应采用局部应用灭火系统。

干粉灭火系统系统防护区和保护对象审查要点见表 3-26。

表 3-26　干粉灭火系统防护区和保护对象审查要点

重点内容	审 查 要 点	对应规范条目
数量限制	组合分配系统保护的防护区与保护对象之和不得超过 8 个	《干粉灭火》3.1.7
全淹没灭火系统	采用全淹没灭火系统的防护区，应符合下列规定： （1）喷放干粉时不能自动关闭的防护区开口，其总面积不应大于该防护区总内表面积的 15%，且开口不应设在底面。 （2）防护区的围护结构及门、窗的耐火极限不应小于 0.50 h，吊顶的耐火极限不应小于 0.25 h；围护结构及门、窗的允许压力不宜小于 1200 Pa	《干粉灭火》3.1.2
局部应用灭火系统	采用局部应用灭火系统的保护对象，应符合下列规定： （1）保护对象周围的空气流动速度不应大于 2 m/s。必要时，应采取挡风措施。 （2）在喷头和保护对象之间，喷头喷射角范围内不应有遮挡物。 （3）当保护对象为可燃液体时，液面至容器缘口的距离不得小于 150 mm	《干粉灭火》3.1.3
预制灭火装置	（1）一个防护区或保护对象宜用一套预制灭火装置保护。 （2）一个防护区或保护对象所用预制灭火装置最多不得超过 4 套，并应同时启动，其动作响应时间差不得大于 2 s	《干粉灭火》3.4.2、3.4.3

表 3-26（续）

重点内容	审 查 要 点	对应规范条目
安全要求	（1）防护区内及入口处应设火灾声光警报器，防护区入口处应设置干粉灭火剂喷放指示门灯及干粉灭火系统永久性标志牌。 （2）防护区的走道和出口，必须保证人员能在 30 s 内安全疏散。 （3）防护区的门应向疏散方向开启，并应能自动关闭，在任何情况下均应能在防护区内打开。 （4）防护区入口处应装设自动、手动转换开关。转换开关安装高度宜使中心位置距地面 1.5 m。 （5）地下防护区和无窗或设固定窗扇的地上防护区，应设置独立的机械排风装置，排风口应通向室外	《干粉灭火》 7.0.1~7.0.5

3. 系统的设计参数

干粉灭火系统系统的设计参数审查要点见表 3-27。

表 3-27　干粉灭火系统系统的设计参数审查要点

重点内容	审 查 要 点	对应规范条目
灭火剂设计用量	全淹没灭火系统的灭火剂设计浓度不得小于 0.65 kg/m³	《干粉灭火》 3.2.1
灭火剂储存量	（1）合分配系统的灭火剂储存量不应小于所需储存量最多的一个防护区或保护对象的储存量。 （2）当防护区与保护对象之和超过 5 个时，或者在喷放后 48 h 内不能恢复到正常工作状态时，灭火剂应有备用量。备用量不应小于系统设计的储存量。 （3）预制灭火装置应符合下列规定： ① 灭火剂储存量不得大于 150 kg。 ② 管道长度不得大于 20 m。 ③ 工作压力不得大于 2.5 MPa	《干粉灭火》3.1.6、 3.1.7、3.4.1
泄压口	防护区应设泄压口，并宜设在外墙上，其高度应大于防护区净高的 2/3	《干粉灭火》3.2.5
喷射时间	（1）全淹没灭火系统的干粉喷射时间不应大于 30 s。 （2）室内局部应用灭火系统的干粉喷射时间不应小于 30 s；室外或有复燃危险的室内局部应用灭火系统的干粉喷射时间不应小于 60 s	《干粉灭火》 3.2.3、3.3.2

4. 系统的储存装置

干粉灭火系统的储存装置宜由干粉储存容器、容器阀、安全泄压装置、驱动气体储瓶、瓶头阀、集流管、减压阀、压力报警及控制装置等组成。

干粉灭火系统系统的储存装置审查要点见表3-28。

表3-28 干粉灭火系统系统的储存装置审查要点

重点内容	审查要点	对应规范条目
储存装置	（1）储存装置的布置应方便检查和维护，并宜避免阳光直射。其环境温度应为-20~50 ℃。 （2）储存装置宜设在专用的储存装置间内。专用储存装置间的设置应符合下列规定： ① 应靠近防护区，出口应直接通向室外或疏散通道。 ② 耐火等级不应低于二级。 ③ 宜保持干燥和良好通风，并应设应急照明。 （3）当采取防湿、防冻、防火等措施后，局部应用灭火系统的储存装置可设置在固定的安全围栏内	《干粉灭火》 5.1.3~5.1.5
干粉储存容器	（1）干粉储存容器设计压力可取 1.6 MPa 或 2.5 MPa 压力级；其干粉灭火剂的装量系数不应大于0.85；其增压时间不应大于 30 s。 （2）干粉储存容器应满足驱动气体系数、干粉储存量、输出容器阀出口干粉输送速率和压力的要求。 （3）备用干粉储存容器应与系统管网相连，并能与主用干粉储存容器切换使用	《干粉灭火》 3.1.7、5.1.1、 5.1.4
选择阀	在组合分配系统中，每个防护区或保护对象应设一个选择阀。选择阀的设置应符合下列规定： （1）选择阀的位置宜靠近干粉储存容器，并便于手动操作，方便检查和维护。选择阀上应设有标明防护区的永久性铭牌。 （2）选择阀应采用快开型阀门，其公称直径应与连接管道的公称直径相等。 （3）选择阀可采用电动、气动或液动驱动方式，并应有机械应急操作方式。阀的公称压力不应小于干粉储存容器的设计压力。 （4）系统启动时，选择阀应在输出容器阀动作之前打开	《干粉灭火》 5.2.1~5.2.4
喷头	（1）喷头应有防止灰尘或异物堵塞喷孔的防护装置，防护装置在灭火剂喷放时应能被自动吹掉或打开。喷头的单孔直径不得小于 6 mm。 （2）全淹没灭火系统喷头布置，应使防护区内灭火剂分布均匀。 （3）局部应用灭火系统喷头的布置应使喷射的干粉完全覆盖保护对象	《干粉灭火》 3.2.4、3.3.3、 5.2.5

5. 系统的操作与控制

干粉灭火系统系统的操作与控制审查要点见表3-29。

表 3-29 干粉灭火系统系统的操作控制审查要点

重点内容	审 查 要 点	对应规范条目
启动方式	干粉灭火系统应设有自动控制、手动控制和机械应急操作三种启动方式。当局部应用灭火系统用于经常有人的保护场所时可不设自动控制启动方式	《干粉灭火》6.0.1
系统操作与控制	(1) 设有火灾自动报警系统时,灭火系统的自动控制应在收到两个独立火灾探测信号后才能启动,并应延迟喷放,延迟时间不应大于 30 s,且不得小于干粉储存容器的增压时间。 (2) 全淹没灭火系统的手动启动装置应设置在防护区外邻近出口或疏散通道便于操作的地方;局部应用灭火系统的手动启动装置应设在保护对象附近的安全位置。 手动启动装置的安装高度宜使其中心位置距地面 1.5 m。所有手动启动装置都应明显地标示出其对应的防护区或保护对象的名称	《干粉灭火》6.0.2~6.0.3

(二) 难点剖析

1. 灭火剂设计用量的计算

1) 全淹没灭火系统

全淹没灭火系统的灭火剂设计用量应按下式计算:

$$m = K_1 V + \sum K_{oi} A_{oi} \qquad (3-19)$$

$$V = V_V - V_g + V_z$$

$$V_z = Q_z t$$

$$K_{oi} = 0 \quad (A_{oi} < 1\% A_V)$$

$$K_{oi} = 2.5 \quad (1\% A_V \leqslant A_{oi} < 5\% A_V)$$

$$K_{oi} = 5 \quad (5\% A_V \leqslant A_{oi} < 15\% A_V)$$

式中　m——干粉设计用量,kg;

　　K_1——灭火剂设计浓度,kg/m³;

　　V——防护区净容积,m³;

　　K_{oi}——开口补偿系数,kg/m³;

　　A_{oi}——不能自动关闭的防护区开口面积,m²;

　　V_V——防护区容积,m³;

　　V_g——防护区内不燃烧体和难燃烧体的总体积,m³;

　　V_z——不能切断的通风系统的附加体积,m³;

　　Q_z——通风流量,m³/s;

　　t——干粉喷射时间,s;

A_V——防护区的内侧面、底面、顶面（包括其中开口）的总内表面积，m^2。

2）局部应用灭火系统

局部应用灭火系统的设计可采用面积法或体积法。当保护对象的着火部位是平面时，宜采用面积法；当采用面积法不能做到使所有表面被完全覆盖时，应采用体积法。

（1）当采用面积法设计时，应符合下列规定：

① 保护对象计算面积应取被保护表面的垂直投影面积；

② 架空型喷头应以喷头的出口至保护对象表面的距离确定其干粉输送速率和相应保护。

③ 干粉设计用量应按下式计算：

$$m = NQ_i t \tag{3-20}$$

式中 N——喷头数量；

Q_i——单个喷头的干粉输送速率按产品样本取值，kg/s。

（2）当采用体积法设计时，应符合下列规定：

① 保护对象的计算体积应采用假定的封闭罩的体积。封闭罩的底面应是实际底面；封闭罩的侧面及顶部当无实际围护结构时，它们至保护对象外缘的距离不应小于1.5 m。

② 干粉设计用量应按下式计算：

$$m = V_1 q_V t \tag{3-21}$$

$$q_V = 0.04 - 0.006 \frac{A_p}{A_t}$$

式中 V_1——保护对象的计算体积，m^3；

q_V——单位体积的喷射速率，kg/（s·m^3）；

A_p——在假定封闭罩中存在的实体墙等实际围封面积，m^2；

A_t——假定封闭罩的侧面围封面积，m^2。

2. 防护区泄压口的面积计算

全淹没灭火系统泄压口的面积可按下式计算：

$$A_X = \frac{Q_0 V_H}{k\sqrt{2p_X V_X}} \tag{3-22}$$

$$V_H = \frac{\rho_q + 2.5\mu\rho_f}{2.5\rho_f(1+\mu)\rho_q}$$

$$\rho_q = (10^{-5}p_X + 1)\rho_{q0}$$

$$V_X = \frac{2.5\rho_f\rho_{q0} + K_1(10^{-5}p_X + 1)\rho_{q0} + 2.5K_1\mu\rho_f}{2.5\rho_f(10^{-5}p_X + 1)\rho_{q0}(1.205 + K_1 + K_1\mu)}$$

式中　A_X——泄压口面积，m^2；

　　　Q_0——干管的干粉输送速率，kg/s；

　　　V_H——气固二相流比容，m^3/kg；

　　　k——泄压口缩流系数；取 0.6；

　　　p_X——防护区围护结构的允许压力，Pa；

　　　V_X——泄放混合物比容，m^3/kg；

　　　ρ_q——在 p_X 压力下驱动气体密度，kg/m^3；

　　　μ——驱动气体系数；按产品样本取值；

　　　ρ_f——干粉灭火剂松密度，按产品样本取值，kg/m^3；

　　　ρ_{q0}——常态下驱动气体密度，kg/m^3；

　　　K_1——灭火剂设计浓度，kg/m^3。

3. 灭火剂储存量的计算

灭火剂储存量可按下式计算：

$$m_c = m + m_s + m_r \tag{3-23}$$

$$m_r = V_D(10p_P + 1)\frac{\rho_{q0}}{\mu}$$

式中　m_c——干粉储存量，kg；

　　　m_s——干粉储存容器内干粉剩余量，kg；

　　　m_r——管网内干粉残余量，kg；

　　　V_D——整个管网系统的管道容积，m^3；

　　　p_P——管段中的平均压力，MPa。

注意：

（1）组合分配系统中，各防护区或保护对象同时着火的概率很小，故组合分配系统的干粉储存量，不小于所需储存量最多的一个防护区或保护对象的储存量即可。

（2）防护区体积最大，用量不一定最多。

组合分配系统保护的防护区与保护对象之和不得超过 8 个。当防护区与保护对象之和超过 5 个时，或者在喷放后 48 h 内不能恢复到正常工作状态时，灭火剂应有备用量。备用量不应小于系统设计的储存量。

4. 启动方式的设置

在实际应用中，有些场所是无须设置火灾自动报警系统的，如局部应用灭火系统的保护对象有的能够做到始终处于专职人员的监控之下；有些工业设备只在人员操作运行时存在火灾危险，而在设备停止运行后，能够引起火灾的条件也随之消失。对这样的场所如果确实允许不设置火灾自动探测与报警装置，也就失去了对灭火系统自动控制的条件。

因此，规范对这两种特别情况作了弹性处理，允许其不设置自动控制的启动方式。

5. 火灾信号组合的选择

火灾信号组合的选择是指只有当两种不同类型或两组同一类型的火灾探测器均检测出保护场所存在火灾时，才能发出启动灭火系统的指令。

6. 手动起停装置的设置

启用紧急停止装置后，虽然系统控制装置停止了后继动作，但干粉储存容器增压仍然继续，系统处于蓄势待发的状态，这时仍有可能需要重新启动系统，释放灭火剂。

因此，要求做到在使用手动紧急停止装置后，手动启动装置可以再次启动。

二、泡沫灭火系统的设计审查

泡沫灭火系统的设计审查应依据《泡沫灭火系统设计规范》（GB 50151—2010)，该标准简称为《泡沫灭火》。

（一）重要内容

1. 适用场所（《泡沫灭火》5.1、5.2、6.2~6.4）

（1）全淹没高倍数、中倍数泡沫灭火系统可用于下列场所：

① 封闭空间场所。

② 设有阻止泡沫流失的固定围墙或其他围挡设施的场所。

（2）局部应用高倍数泡沫灭火系统可用于下列场所：

① 四周不完全封闭的 A 类火灾与 B 类火灾场所。

② 天然气液化站与接收站的集液池或储罐围堰区。

（3）局部应用中倍数泡沫灭火系统可用于下列场所：

① 四周不完全封闭的 A 类火灾场所。

② 限定位置的流散 B 类火灾场所。

③ 固定位置面积不大于 100 m² 的流淌 B 类火灾场所。

（4）移动式高倍数泡沫灭火系统可用于下列场所：

① 发生火灾的部位难以确定或人员难以接近的火灾场所。

② 流淌 B 类火灾场所。

③ 发生火灾时需要排烟、降温或排除有害气体的封闭空间。

（5）移动式中倍数泡沫灭火系统可用于下列场所：

① 发生火灾的部位难以确定或人员难以接近的较小火灾场所。

② 流散的 B 类火灾场所。

③ 不大于 100 m² 的流淌 B 类火灾场所。

（6）泡沫—水喷淋系统可用于下列场所：

① 具有非水溶性液体泄漏火灾危险的室内场所。

② 存放量不超过 25 L/m² 或超过 25 L/m² 但有缓冲物的水溶性液体室内场所。

（7）泡沫喷雾系统可用于下列场所：

① 独立变电站的油浸电力变压器。

② 面积不大于 200 m² 的非水溶性液体室内场所。

（8）油罐固定式中倍数泡沫灭火系统可用于下列场所：

丙类固定顶与内浮顶油罐，单罐容量小于 10000 m³ 的甲、乙类固定顶与内浮顶油罐，当选用中倍数泡沫灭火系统时，宜为固定式。

2. 设计参数（《泡沫灭火》5.1.4~5.1.7）

（1）全淹没中倍数泡沫灭火系统的设计参数宜由试验确定，也可采用高倍数泡沫灭火系统的设计参数。

（2）对于 A 类火灾场所，局部应用系统的设计应符合下列规定：

① 覆盖保护对象的时间不应大于 2 min。

② 覆盖保护对象最高点的厚度宜由试验确定，也可按《泡沫灭火》6.3.3 第 1 款的规定执行。

③ 泡沫混合液连续供给时间不应小于 12 min。

（3）对于流散 B 类火灾场所或面积不大于 100 m² 的流淌 B 类火灾场所，局部应用系统或移动式系统的泡沫混合液供给强度与连续供给时间，应符合下列规定：

① 沸点不低于 45 ℃ 的非水溶性液体，泡沫混合液供给强度应大于 4 L/(min·m²)。

② 室内场所的泡沫混合液连续供给时间应大于 10 min。

③ 室外场所的泡沫混合液连续供给时间应大于 15 min。

④ 水溶性液体、沸点低于 45 ℃ 的非水溶性液体，设置泡沫灭火系统的适用性及其泡沫混合液供给强度，应由试验确定。

（4）其他设计要求，可按《泡沫灭火》第 6 章的有关规定执行。

（二）难点突破

1. 低倍数泡沫灭火系统（《泡沫灭火》4.1~4.5）

对于不同储罐，如固定顶储罐、外浮顶储罐、内浮顶储罐、其他场所，有不同技术要求。

2. 高倍数、中倍数泡沫灭火系统（《泡沫灭火》5.1、5.2）

对于不同应用系统，如全淹没系统、局部应用系统、移动式系统、油罐中倍数泡沫灭火系统等，有不同技术要求。

3. 泡沫—水喷淋系统与泡沫—水喷雾系统（《泡沫灭火》7.1~7.4）

1）泡沫—水喷淋系统泡沫混合液与水的连续供给时间

泡沫混合液连续供给时间不应小于 10 min。泡沫混合液与水的连续供给时间之和应不小于 60 min。

2）泡沫—水喷淋系统与泡沫—水喷雾系统的控制

系统应同时具备自动、手动功能和应急机械手动启动功能；机械手动启动力不应超过 180 N；系统自动或手动启动后，泡沫液供给控制装置应自动随供水主控阀的动作而动作，或与之同时动作；系统应设置故障监视与报警装置，且应在主控制盘上显示。

第九节　防烟和排烟设施

一、重点内容

防烟和排烟设施的审查应依据：

（1）《建筑防烟排烟系统技术标准》（GB 51251—2017），该标准简称为《防排烟》。

（2）《建规》。

防烟和排烟设施的审查要点见表 3-30 和表 3-31。

表 3-30　防烟设施的审查要点

重点内容	审 查 要 点	对应规范条目
设置部位	建筑的下列场所或部位应设置防烟设施： （1）防烟楼梯间及其前室。 （2）消防电梯间前室或合用前室。 （3）避难走道的前室、避难层（间）	《建规》8.5.1

表 3-30（续）

重点内容			审 查 要 点	对应规范条目
设置形式	自然通风		（1）方式选择。 能用自然通风的首选自然通风，不能用自然通风的选机械加压送风	《防排烟》 3.1.1~3.1.5
			（2）自然通风设施。 审查楼梯间、防烟前室、合用前室、消防电梯前室等采用自然通风口的面积、开启方式是否符合规范要求；避难层采用自然通风时是否设有两个不同朝向的外窗或百叶窗，且每个朝向开窗面积是否满足自然通风开窗面积要求	《防排烟》 3.2.1~3.2.4
	机械加压送风		（1）送风机。 送风机选型和设置位置是否符合要求。 机械加压送风风机宜采用轴流风机或中、低压离心风机	《防排烟》3.3.5
			（2）进风口。 ① 进风口不应与排烟风机的出风口设在同一面上。 ② 当确实有困难时，送风机的进风口与排烟风机的出风口应分开布置	《防排烟》 3.3.5 第3款
			（3）送风口。 ① 除直灌式加压送风方式外，楼梯间宜每隔2~3层设一个常开式百叶送风口。 ② 前室应每层设一个常闭式加压送风口，并应设手动开启装置。 ③ 送风口不宜设置在被门挡住的部位	《防排烟》3.3.6
			（4）风管与风道。 ① 机械加压送风系统应采用管道送风，且不应采用土建风道。 ② 送风管道应采用不燃材料制作且内壁应光滑	《防排烟》 3.3.7、3.3.8
			（5）机械加压送风系统风量计算。 机械加压送风系统的设计风量不应小于计算风量的1.2倍	《防排烟》 3.4.1、3.4.2
			（6）联动控制。 加压送风机的启动应符合下列规定： ① 现场手动启动。 ② 通过火灾自动报警系统自动启动。 ③ 消防控制室手动启动。 ④ 系统中任一常闭加压送风口开启时，加压风机应能自动启动。 联动参见《火灾自动报警系统设计规范》（GB 50116—2013）4.5.1	《防排烟》 5.1.2~5.1.5

表3-31　排烟设施的审查要点

重点内容		审 查 要 点	对应规范条目
设置部位		厂房、仓库、民用建筑、地下或半地下建筑（室）、地上建筑内的无窗房间等规定的部位应设置排烟设施	《防排烟》8.5.2~8.5.4
设置形式		（1）能用自然排烟首选自然排烟，不能用自然排烟选择机械排烟。 （2）高层建筑首选机械排烟，多层建筑优选自然排烟	《防排烟》4.1.1、4.1.2
防烟分区		（1）设置排烟系统的场所或部位应采用挡烟垂壁、结构梁及隔墙等划分防烟分区。防烟分区不应跨越防火分区。 （2）设置排烟设施的建筑内，敞开楼梯和自动扶梯穿越楼板的开口部应设置挡烟垂壁等设施	《防排烟》4.2.1~4.2.4
自然排烟要求		审查排烟口或排烟窗的设置位置、高度、有效排烟面积、开启控制方式是否符合规范要求	《防排烟》4.3.1~4.3.7
机械排烟要求	排烟风机	（1）排烟风机应设置在专用机房内。 （2）排烟风机宜设置在排烟系统的最高处，烟气出口宜朝上，并应高于加压送风机和补风机的进风口	《防排烟》4.4.4、4.4.5
	排烟管道	（1）机械排烟系统应采用管道排烟，且不应采用土建风道。 （2）排烟管道应采用不燃材料制作且内壁应光滑	《防排烟》4.4.7、4.4.8、4.4.10
	排烟口与窗	（1）排烟口宜设置在顶棚或靠近顶棚的墙面上。 （2）排烟口的风速不宜大于 10 m/s	《防排烟》4.4.12~4.4.17
	补风系统	（1）除地上建筑的走道或建筑面积小于 500 m² 的房间外，设置排烟系统的场所应设置补风系统。 （2）补风系统应直接从室外引入空气，且补风量不应小于排烟量的 50%	《防排烟》4.5.1~4.5.7
	设计风量	排烟系统的设计风量不应小于该系统计算风量的 1.2 倍	《防排烟》4.6.1~4.6.15
	联动控制	排烟风机、补风机的控制： （1）现场手动启动。 （2）火灾自动报警系统自动启动。 （3）消防控制室手动启动。 （4）系统中任一排烟阀或排烟口开启时，排烟风机、补风机自动启动。 （5）排烟防火阀在 280 ℃时应自行关闭，并应联锁关闭排烟风机和补风机。 参见《火灾自动报警系统设计规范》（GB 50116—2013）4.5.2	《防排烟》5.2.1~5.2.7

二、难点剖析

(一) 自然通风设施的设置要求

采用自然通风方式的封闭楼梯间、防烟楼梯间，应在最高部位设置面积不小于 1.0 m² 的可开启外窗或开口（图 3-8）；当建筑高度大于 10 m 时，尚应在楼梯间的外墙上每 5 层内设置总面积不小于 2.0 m² 的可开启外窗或开口，且布置间隔不大于 3 层（图 3-9）。

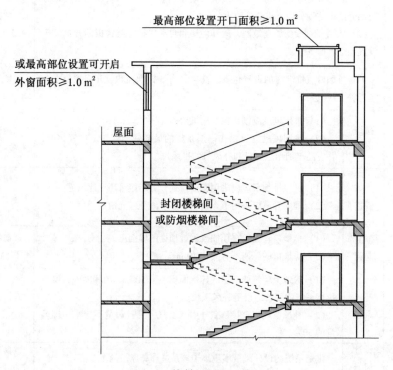

图 3-8　楼梯间剖面示意图

(二) 机械加压送风设施的设置要求 (《防排烟》3.3.5)

(1) 建筑高度大于 100 m 的建筑，其机械加压送风系统应竖向分段独立设置，且每段高度不应超过 100 m，如图 3-10 所示。

(2) 机械加压送风风机宜采用轴流风机或中、低压离心风机，其设置应符合下列规定：

① 送风机的进风口应直通室外，且应采取防止烟气被吸入的措施。

② 送风机的进风口宜设在机械加压送风系统的下部。

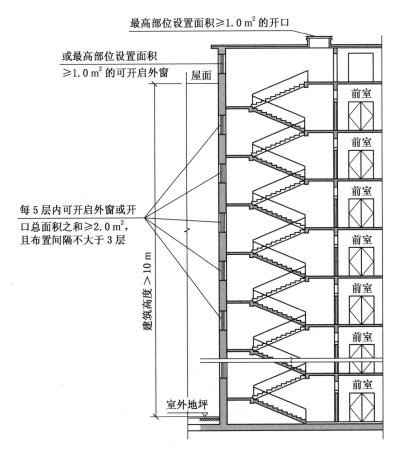

图 3-9　自然通风楼梯间剖面示意图

③ 送风机的进风口不应与排烟风机的出风口设在同一面上（图 3-11）。当确有困难时，送风机的进风口与排烟风机的出风口应分开布置，且竖向布置时，送风机的进风口应设置在排烟出口的下方，其两者边缘最小垂直距离不应小于 6.0 m；水平布置时，两者边缘最小水平距离不应小于 20.0 m（图 3-12）。

④ 送风机宜设置在系统的下部，且应采取保证各层送风量均匀性的措施。

⑤ 送风机应设置在专用机房内，送风机房并应符合《建规》的规定（图 3-13）。

⑥ 当送风机出风管或进风管上安装单向风阀或电动风阀时，应采取火灾时自动开启阀门的措施。

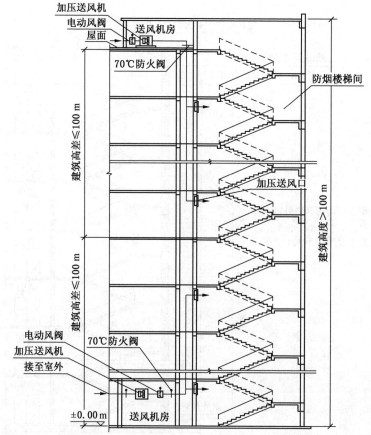

图 3-10　机械加压送风系统应竖向分段独立设置（大于 100 m 的建筑）

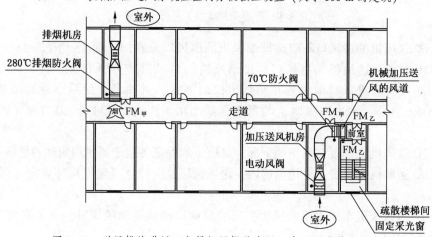

图 3-11　送风机的进风口与排烟风机的出风口在不同建筑立面上

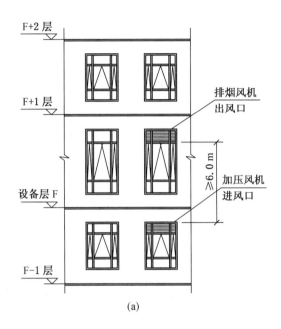

(a)

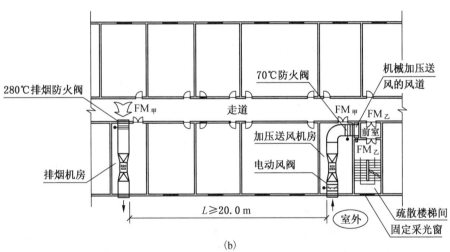

(b)

图 3-12　送风机的进风口与排烟风机的出风口在同一侧（立）面上

（三）机械排烟设施的设置要求

（1）当建筑的机械排烟系统沿水平方向布置时，每个防火分区的机械排烟系统应独立设置（《防排烟》4.4.1）。

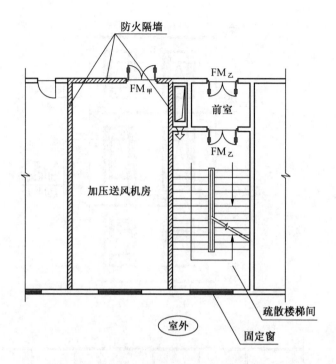

图 3-13　附设在建筑内机械加压送风机房的要求

本条规定机械排烟系统横向按每个防火分区设置独立系统，是指风机、风口、风管都独立设置。这样做是为了防止火灾在不同防火分区蔓延，且有利于不同防火分区烟气的排出。本条为强制性条文，必须严格执行。机械排烟系统沿水平方向、按防火分区设置独立系统的平面示意图如图 3-14 所示。

（2）建筑高度超过 50 m 的公共建筑和建筑高度超过 100 m 的住宅，其排烟系统应竖向分段独立设置，且公共建筑每段高度不应超过 50 m，住宅建筑每段高度不应超过 100 m（《防排烟》4.4.2）。

建筑高度超过 100 m 的建筑是重要的建筑，一旦系统出现故障，容易造成大面积的失控，对建筑整体安全构成威胁。本条规定的目的是为了提高系统的可靠性及时排出烟气，防止排烟系统因担负楼层数太多或竖向高度过高而失效，且竖向分段最好结合设备层科学布置。本条为强制性条文，必须严格执行。

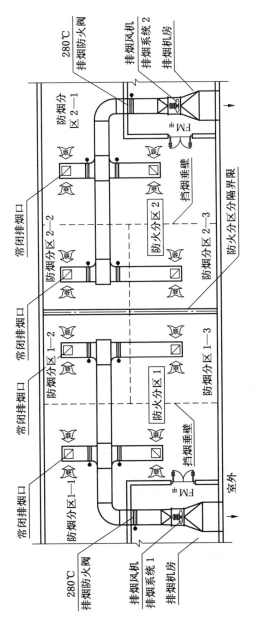

图3-14　机械排烟系统沿水平方向、按防火分区设置独立系统的平面示意图

159

第十节　火灾自动报警系统

一、重点内容

火灾自动报警系统的设计审核，首先应考虑待审核建筑的使用性质、火灾危险性等因素，依据《建规》《汽车库、修车库、停车场设计防火规范》（GB 50067—2014）、《人民防空工程设计防火规范》（GB 50098—2009）等相关规范确定该建筑是否需要设置火灾自动报警系统；然后再根据保护对象的具体要求，依据《火灾自动报警系统设计规范》（GB 50116—2013）的相关条款确定设置的形式。

目前，火灾自动报警系统设计审查应依据：

（1）《火灾自动报警系统设计规范》（GB 50116—2013），该标准简称为《自动报警》。

（2）《建规》。

（一）系统的设置、选型和区域划分

1. 设置范围

《建规》8.4.1、8.4.2 作出了具体规定。

1）工业建筑、公共建筑

（1）任一层建筑面积大于 1500 m^2 或总建筑面积大于 3000 m^2 的制鞋、制衣、玩具、电子等类似用途的厂房。

（2）每座占地面积大于 1000 m^2 的棉、毛、丝、麻、化纤及其制品的仓库，占地面积大于 500 m^2 或总建筑面积大于 1000 m^2 的卷烟仓库。

（3）任一层建筑面积大于 1500 m^2 或总建筑面积大于 3000 m^2 的商店、展览、财贸金融、客运和货运等类似用途的建筑，总建筑面积大于 500 m^2 的地下或半地下商店。

（4）图书或文物的珍藏库，每座藏书超过 50 万册的图书馆，重要的档案馆。

（5）地市级及以上广播电视建筑、邮政建筑、电信建筑，城市或区域性电力、交通和防灾等指挥调度建筑。

（6）特等、甲等剧场，座位数超过 1500 个的其他等级的剧场或电影院，座位数超过 2000 个的会堂或礼堂，座位数超过 3000 个的体育馆。

（7）大、中型幼儿园的儿童用房等场所，老年人建筑，任一层建筑面积大于 1500 m^2 或总建筑面积大于 3000 m^2 的疗养院的病房楼、旅馆建筑和其他儿童活动场所，不少于 200 床位的医院门诊楼、病房楼和手术部等。

（8）歌舞娱乐放映游艺场所。

（9）净高大于 2.6 m 且可燃物较多的技术夹层，净高大于 0.8 m 且有可燃物的闷顶或吊顶内。

（10）大、中型电子计算机房及其控制室、记录介质库，特殊贵重或火灾危险性大的机器、仪表、仪器设备室、贵重物品库房，设置气体灭火系统的房间。

（11）二类高层公共建筑内建筑面积大于 50 m² 的可燃物品库房和建筑面积大于 500 m² 的营业厅。

（12）其他一类高层公共建筑。

（13）设置机械排烟、防烟系统，雨淋或预作用自动喷水灭火系统，固定消防水炮灭火系统等需与火灾自动报警系统联锁动作的场所或部位。

2）住宅

建筑高度大于 100 m 的住宅建筑，应设置火灾自动报警系统。

建筑高度大于 54 m、但不大于 100 m 的住宅建筑，其公共部位应设置火灾自动报警系统，套内宜设置火灾探测器。

建筑高度不大于 54 m 的高层住宅建筑，其公共部位宜设置火灾自动报警系统。当设置需联动控制的消防设施时，公共部位应设置火灾自动报警系统。

高层住宅建筑的公共部位应设置具有语音功能的火灾声警报装置或应急广播。

2. 选型

根据系统的构成与形式，火灾自动报警系统分为区域报警系统、集中报警系统和控制中心报警系统三种基本形式，被保护对象设定的安全目标直接关系到火灾自动报警系统形式的选择。

《自动报警》3.2.1~3.2.4 对火灾自动报警系统形式的选择作出了规定。

（1）选择原则：

① 仅需要报警，不需要联动自动消防设备的保护对象宜采用区域报警系统。

② 不仅需要报警，同时需要联动自动消防设备，且只设置一台具有集中控制功能的火灾报警控制器和消防联动控制器的保护对象，应采用集中报警系统，并应设置一个消防控制室。

③ 设置两个及以上消防控制室的保护对象，或已设置两个及以上集中报警系统的保护对象，应采用控制中心报警系统。

（2）区域报警系统的设计，应符合下列规定：

① 系统应由火灾探测器、手动火灾报警按钮、火灾声光警报器及火灾报警控

制器等组成,系统中可包括消防控制室图形显示装置和指示楼层的区域显示器。

② 火灾报警控制器应设置在有人值班的场所。

③ 系统设置消防控制室图形显示装置时,该装置应具有传输《自动报警》附录 A 和附录 B 规定的有关信息的功能;系统未设置消防控制室图形显示装置时,应设置火警传输设备。

(3) 集中报警系统的设计,应符合下列规定:

① 系统应由火灾探测器、手动火灾报警按钮、火灾声光警报器、消防应急广播、消防专用电话、消防控制室图形显示装置、火灾报警控制器、消防联动控制器等组成。

② 系统中的火灾报警控制器、消防联动控制器和消防控制室图形显示装置、消防应急广播的控制装置、消防专用电话总机等起集中控制作用的消防设备,应设置在消防控制室内。

③ 系统设置的消防控制室图形显示装置应具有传输《自动报警》附录 A 和附录 B 规定的有关信息的功能。

(4) 控制中心报警系统的设计,应符合下列规定:

① 有两个及以上消防控制室时,应确定一个主消防控制室。

② 主消防控制室应能显示所有火灾报警信号和联动控制状态信号,并应能控制重要的消防设备;各分消防控制室内消防设备之间可互相传输、显示状态信息,但不应互相控制。

③ 系统设置的消防控制室图形显示装置应具有传输《自动报警》附录 A 和附录 B 规定的有关信息的功能。

④ 其他设计应符合《自动报警》3.2.3 的规定。

3. 报警区域的划分(《自动报警》3.3.1)

一个报警区域可以是一个防火分区或者一个楼层,也可以是发生火灾时需要同时联动消防设备的相邻几个防火分区或者几个楼层。

4. 探测区域的划分(《自动报警》3.3.2)

探测区域应按照独立房(套)间划分。一个探测区域的面积不宜超过 500 m²;从主要入口能看清其内部,且面积不超过 1000 m² 的房间,也可以划分为一个探测区域。

(二)系统总线设计

1. 系统组件的兼容性和可靠性要求(《自动报警》3.1.4)

系统中各类设备之间的接口和通信协议的兼容性应符合《火灾自动报警系统组件兼容性要求》(GB 22134—2008)的有关规定,确保系统的兼容性和可连接性，这是保证火灾自动报警系统可靠运行的基本技术要求。

2. 火灾报警控制器和消防联动控制器

1）设计容量要求

任一台火灾报警控制器所连接的火灾探测器、手动火灾报警按钮和模块等设备总数和地址总数，均不应超过 3200 点，其中每一总线回路连接设备的总数不宜超过 200 点，且应留有不少于额定容量 10% 的余量；任一台消防联动控制器地址总数或者火灾报警控制器（联动型）所控制的各类模块总数不应超过 1600 点，每一联动总线回路连接设备的总数不宜超过 100 点，且应留有不少于额定容量 10% 的余量。

2）设置要求

火灾报警控制器和消防联动控制器，应设置在消防控制室内或者有人员值班的房间或场所。火灾报警控制器和消防联动控制器安装在墙上时，其主显示屏高度为 1.5~1.8 m，其靠近门轴的侧面距墙不应小于 0.5 m，正面操作距离不应小于 1.2 m。

《自动报警》3.1.5、6.1 规定了火灾报警控制器和消防联动控制器的设计容量要求和设置要求。

3. 总线短路隔离器

系统总线上应设置总线短路隔离器，每只总线短路隔离器保护的火灾探测器、手动火灾报警按钮和模块等消防设备的总数不应超过 32 点；总线穿越防火分区时，应在穿越处设置总线短路隔离器。

《自动报警》3.1.6 规定了总线短路隔离器的设计参数要求。

（三）系统设备的设计与设置

1. 火灾探测器（《自动报警》第 5 章、6.2）

1）火灾探测器的选择

根据探测期间可能发生的初期火灾的形成、发展特征、房间高度、环境条件以及可能导致误报的因素等，确定火灾探测器的选择。

2）火灾探测器的设置

主要考量点型感烟（感温）火灾探测器的保护面积、保护半径、安装间距、设置数量等设计参数，以及线型火灾探测器、特种火灾探测器的设置。

2. 手动火灾报警按钮（《自动报警》6.3）

（1）每个防火分区应至少设置一只手动火灾报警按钮。从一个防火分区内的任何位置到最邻近的手动火灾报警按钮的步行距离不应大于 30 m。

（2）手动火灾报警按钮应设置在明显和便于操作的部位，宜设置在疏散通道或者出入口处。

(3) 当采用壁挂方式安装时，其底边距地高度宜为 1.3~1.5 m，且应有明显的标志。

(4) 列车上设置的手动火灾报警按钮，应设置在每节车厢的出入口和中间部位。

3. 火灾显示盘（区域显示器）的设置（《自动报警》6.4）

(1) 每个报警区域宜设置一台区域显示器（火灾显示盘）；宾馆、饭店等场所应在每个报警区域设置一台区域显示器。当一个报警区域包括多个楼层时，宜在每个楼层设置一台仅显示本楼层的区域显示器。

(2) 区域显示器应设置在出入口等明显和便于操作的部位。

(3) 当采用壁挂方式安装时，其底边距地高度宜为 1.3~1.5 m。

4. 火灾警报器的设置（《自动报警》6.5）

(1) 每个报警区域内应均匀设置火灾警报器，其声压级不应小于 60 dB；在环境噪声大于 60 dB 的场所，其声压级应高于背景噪声 15 dB。

(2) 火灾警报器应设置在每个楼层的楼梯口、消防电梯前室、建筑内部拐角等处的明显部位，且不宜与安全出口指示灯具设置在同一面墙上。

(3) 当采用壁挂方式安装时，其底边距地高度宜为 2.2 m。

5. 消防应急广播（《自动报警》6.6）

(1) 民用建筑内扬声器应设置在走道和大厅等公共场所。每个扬声器的额定功率不应小于 3 W，其数量应能保证从一个防火分区内的任何部位到最近一个扬声器的直线距离不大于 25 m，走道末端距最近扬声器的距离不应大于 12.5 m。

(2) 在环境噪声大于 60 dB 的场所，其播放范围最远点的播放声压级应高于背景噪声 15 dB。

(3) 在客房设置专用扬声器时，其功率不宜小于 1 W。

(4) 壁挂扬声器的底边距地面高度应大于 2.2 m。

6. 消防专用电话（《自动报警》6.7）

(1) 消防专用电话网络应为独立的消防通信系统。

(2) 消防控制室、消防值班室或者企业消防站等处，应设置可直接报警的外线电话。

7. 模块（《自动报警》6.8）

(1) 由于模块工作电压通常为 24V，若与其他不同电压等级的电气设备混合，有可能相互影响导致系统无法可靠动作，因此，模块严禁设置在配电（控制）柜（箱）内。

（2）本报警区域内的模块不应控制其他报警区域的设备。

8. 消防控制室图形显示装置（《自动报警》6.9）

（1）消防控制室图形显示装置应设置在消防控制室内，并应符合火灾报警控制器的安装设置要求。

（2）消防控制室图形显示装置与火灾报警控制器、消防联动控制器、电气火灾监控器、可燃气体报警控制器等消防设备之间，应采用专用线路连接。

9. 火灾报警传输设备或者用户信息传输装置（《自动报警》6.10）

（1）火灾报警传输设备或者用户信息传输装置应设置在消防控制室内；未设置消防控制室时，应设置在火灾报警控制器附近的明显部位。

（2）火灾报警传输设备或者用户信息传输装置与火灾报警控制器、消防联动控制器等设备之间，应采用专用线路连接。

（3）火灾报警传输设备或者用户信息传输装置的设置应保证有足够的操作与检修间距。

（4）火灾报警传输设备或者用户信息传输装置的手动报警装置应设置在便于操作的明显部位。

10. 防火门监控器（《自动报警》6.11）

（1）防火门监控器应设置在消防控制室内，未设置消防控制室时，应设置在有人值班的场所。

（2）电动开门器的手动控制按钮应设置在防火门内侧墙面上，距门不宜超过0.5 m，底边距地面高度宜为0.9~1.3 m。

（四）消防联动控制设计

1. 消防控制室（《自动报警》3.4）

具有联动控制功能的火灾自动报警系统的保护对象中应设置消防控制室。

2. 消防联动控制器（《自动报警》4.1）

（1）在火灾报警后经逻辑确认（或者人工确认），消防联动控制器应当在3 s内按设定的控制逻辑准确发出联动控制信号给相应的消防设备，当消防设备动作后将信号反馈给消防控制室并显示。

（2）出于消防联动控制器以及操作人员的安全考虑，联动控制器电压控制输出应采用直流24 V；其电源容量应满足受控消防设备同时启动且满足传输线径要求以维持工作的控制容量要求，当线路压降超过5 %时，其直流24 V电源应当由现场提供。

（3）为确保建筑消防设施协同有效动作，各受控设备接口的特性参数应当与消防联动控制器发出的联动控制信号相匹配。

（4）对于消防水泵、防烟和排烟风机等重要消防设备，其控制设备应能够实现联动控制和在消防控制室直接手动控制。

（5）为确保自动消防设施的启动可靠性，需要火灾自动报警系统联动控制的消防设备，其联动触发信号应采用两个独立的报警触发装置报警信号的"与"逻辑组合。

3. 相关自动消防系统的联动控制（《自动报警》4.2~4.10）

主要考虑以下几类自动消防系统（设施）的联动控制要求：自动喷水灭火系统，消火栓系统，气体灭火系统，泡沫灭火系统，防烟和排烟系统，防火门及防火卷帘系统，电梯、火灾警报和消防应急广播系统，消防应急照明和疏散指示系统，以及其他相关联动控制。

二、难点剖析

（一）系统形式的选择和设计要求

根据系统的构成与形式，火灾自动报警系统分为区域报警系统、集中报警系统和控制中心报警系统三种基本形式，见表3-32。

表3-32 火灾自动报警系统分类表

系统类型	系 统 组 成								适用范围
	火灾探测器	手动火灾报警按钮	声光警报器	消防专用电话	消防应急广播	图形显示装置	火灾报警控制器	火灾显示盘（区域显示器）	
区域报警系统	√	√	√			√	√	√	适用于仅需要报警，不需要联动自动消防设备的保护对象
集中报警系统	√	√	√	√	√	√	√（联动型）	√	适用于不仅需要报警，同时还需要联动自动消防设备，且只设置一台具有集中控制功能的火灾报警控制器和消防联动控制器的保护对象

表 3-32（续）

系统类型	系统组成								适用范围
	火灾探测器	手动火灾报警按钮	声光警报器	消防专用电话	消防应急广播	图形显示装置	火灾报警控制器	火灾显示盘（区域显示器）	
控制中心报警系统	√	√	√	√	√	√	√（联动型）	√	一般适用于建筑群或者体量较大的保护对象，设置两个及以上消防控制室的保护对象，或者已设置两个及以上集中报警系统的保护对象
	这类保护对象有以下几类情形： （1）设置 1 个以上的消防控制室。 （2）由于分期建设而选用了不同生产企业的产品或者同一生产企业不同规格型号的产品。 （3）由于系统容量限制而设置了多个起集中作用的火灾报警控制器								

（二）特殊场所报警区域的划分

报警区域指的是将火灾自动报警系统的警戒范围按防火分区或者楼层等划分的单元，应按照被保护对象的保护级别、耐火等级等，合理划分报警区域才能在火灾初期迅速报警并确定发生火灾的部位，同时有助于实现火灾情况下相邻防火分区消防系统的联动启动设计。对于一些特殊场所，其报警区域划分规定如下：

（1）电缆隧道的一个报警区域宜由一个封闭长度区间组成，一个报警区域不应超过相连 3 个封闭长度区间；道路隧道的报警区域应根据排烟系统或者灭火系统的联动需要确定，且不宜超过 150 m。

（2）甲、乙、丙类液体储罐区的报警区域应由一个储罐区组成，每个 50000 m³ 及以上的外浮顶储罐应单独划分为一个报警区域。

（3）列车的报警区域应按车厢划分，每节车厢应划分为一个报警区域。

（三）探测区域划分的特殊要求

探测区域指的是将报警区域根据探测火灾的部位按顺序划分的单元，有助于迅速而准确地探测出被保护区内发生火灾的部位。

1. 探测长度要求

红外光束感烟火灾探测器和缆式线型感温火灾探测器的探测区域长度，不宜超过 100 m；空气管差温火灾探测器的探测区域长度宜为 20~100 m。

2. 应单独划分探测区域的情形

（1）敞开楼梯间、封闭楼梯间、防烟楼梯间。

（2）防烟楼梯间前室，消防电梯前室，消防电梯与防烟楼梯间合用的前室、走道、坡道。

（3）电气管道井、通信管道井、电缆隧道。

（4）建筑物闷顶、夹层。

（四）系统布线要求

为确保火灾自动报警系统运行的可靠性、稳定性以及对其他建筑消防设施联动控制的可靠性，根据火灾时需要实现的不同控制需求，对其供电线缆要求如下：

（1）火灾自动报警系统的供电线路、消防联动控制线路，应确保在火灾情况下仍可持续稳定工作，应当具有相应的耐火性能，因此，要求采用耐火铜芯电线电缆。

（2）报警总线、消防应急广播和消防专用电话等其他传输线路，应确保其在火灾情况下不发生延燃导致火灾蔓延扩大，因此，要求采用阻燃或者阻燃耐火电线电缆。

（五）系统联动控制

《自动报警》4.1.6 规定：需要火灾自动报警系统联动控制的消防设备，其联动触发信号应采用两个独立的报警触发装置报警信号的"与"逻辑组合。

这其中"两个独立的报警触发装置"指的是两个及以上不同探测参数的触发器件。因为任何一种探测器对于火灾的探测都存在一定程度的局限性，对于可靠性要求较高的气体灭火系统、泡沫灭火系统等自动消防设备（设施），若仅采用单一探测形式的探测器发出的报警信号作为该类设备（设施）启动的联动触发信号，存在由于个别现场设备误报警而导致自动消防设备（设施）误动作的可能，不能确保这类自动消防设备（设施）的可靠启动，进而导致火势的蔓延扩大。

因此，要求这类自动消防设备（设施）的联动触发信号应为两个及以上不同探测参数的报警触发装置发出的报警信号的"与"逻辑组合。

（六）典型场所的火灾自动报警系统设计

《自动报警》中除对一般场所的火灾自动报警系统设计作出普适性的规定之外，还根据保护对象特殊特征，对住宅、道路隧道、油罐区、电缆隧道、高大空间等特殊场所的火灾自动报警系统作了推荐性的规定，详见《自动报警》第7章和第12章。

第十一节 消防用电与电气防火防爆

消防用电与电气防火防爆的审查应依据：

(1)《建规》。

(2)《供配电系统设计规范》（GB 50052—2009），该标准简称为《供规》。

(3)《民用建筑电气设计规范》（JGJ 16—2008），该标准简称为《民规》。

(4)《爆炸危险环境电力装置设计规范》（GB 50058—2014），该标准简称为《爆炸》。

一、消防用电与电气防火

消防用电与电气防火审查主要通过电气设计说明，结合各种系统图、平面图等相关图纸进行审查。

（一）重点内容

1. 消防用电负荷等级

根据电气设计说明查看建筑基本情况，从而确定建筑内消防用电设备的负荷等级。

1）电力负荷分级

根据供电可靠性要求和中断供电对人身安全、经济损失造成的影响，将电力负荷分为三级。用电负荷的分级参见《供规》3.0.1。

（1）一级负荷：中断供电会造成人员伤亡，对经济有重大影响，影响重要用电单位正常工作。

（2）二级负荷：中断供电对经济造成较大影响，影响较重要用电单位正常工作。

（3）三级负荷：其他类型电力负荷。

2）建筑消防用电负荷等级的确定

根据建筑的高度、功能、重要性和火灾危险性等因素确定消防用电设备的负荷等级。建筑物的消防用电负荷分级参见《建规》10.1.1~10.1.3。

一类高层民用建筑采用一级负荷供电。二类高层民用建筑采用二级负荷供电。

建筑物消防用电负荷分级的确定见表3-33。

169

表 3-33　建筑物消防用电负荷分级的确定

负荷等级	建　筑　物	对应规范条目
一级负荷	（1）建筑高度大于 50 m 的乙、丙类厂房和丙类仓库。 （2）一类高层民用建筑	《建规》 10.1.1～10.1.3
二级负荷	（1）室外消防用水量大于 30 L/s 的厂房（仓库）。 （2）室外消防用水量大于 35 L/s 的可燃材料堆场、可燃气体储罐（区）和甲、乙类液体储罐（区）。 （3）粮食仓库及粮食筒仓。 （4）二类高层民用建筑。 （5）座位数超过 1500 个的电影院、剧场，座位数超过 3000 个的体育馆，任一层建筑面积大于 3000 m² 的商店和展览建筑，省（市）级及以上的广播电视、电信和财贸金融建筑，室外消防用水量大于 25 L/s 的其他公共建筑	
三级负荷	其他建筑物、储罐（区）和堆场等	

　　剧场和体育场馆根据不同分类采取相应的负荷供电。对民用建筑消防用电负荷等级的划分参见《民规》3.2.3。

　　2. 消防电源

　　根据电气设计说明查看消防电源基本情况，结合系统图审核消防电源。

　　1）供电电源要求

　　不同等级负荷的消防电源设计规定参见《供规》3.0.2～3.0.7。

　　（1）一级负荷由双重电源供电。当两个电源都来自电力系统时，一般从变压器低压侧引出消防用电设备的专用线路，与普通用电负荷分开自成供电体系。下列供电可视为一级负荷：

　　① 电源来自两个不同发电厂。

　　② 电源来自两个电压在 35 kV 及以上的区域变电站。

　　③ 电源来自一个区域变电站，另一个设置自备发电设备。

　　如图 3-15a 所示，从变压器 BY1 和 BY2 低压侧分别引出两条供电线路作为消防用电设备为一级负荷时的供电电源。如图 3-15b 所示，变压器 BY1 和变压器 BY2 的高压侧来自同一个电网高压 1，低压侧引出的一条供电线路，与柴油发电机引出的另一条供电线路作为一级负荷的两个供电电源。

　　对于一级负荷中特别重要的负荷，即中断供电会发生中毒、爆炸和火灾等情况，以及特别重要场所的不允许中断供电的负荷，除双重电源外，需要增设应急电源。

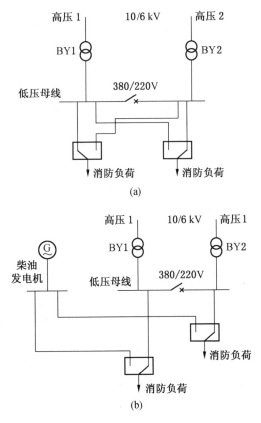

图 3-15 一级负荷供电方案

应急电源可以根据允许中断供电时间和容量进行选择。应急电源的选择参见《供规》3.0.3~3.0.5。

① 允许中断供电时间为 15 s 以上的供电，可采用快速自启动的发电机组。

② 自投装置的动作时间能满足允许中断供电时间的，可选用带有自动投入装置的独立于正常电源之外的专用馈电线路。

③ 允许中断供电时间为毫秒级的供电，可选用蓄电池静止型不间断供电装置或柴油机不间断供电装置。

（2）二级负荷由双回线路供电。如果负荷较小或地区供电条件困难时，二级负荷可由一回路 6 kV 及以上专用的架空线路或电缆供电。

（3）三级负荷无特殊要求。最好通过设置两台终端变压器进行消防供电。

2）自备发电机组设置

一、二级负荷消防电源采用自备发电机时，发电机的规格、型号、功率、设置位置、燃料及启动方式、供电时间应满足规范要求，见表3-34。

表3-34 自备发电机设置审查要点

重点内容	审 查 要 点	对应规范条目
功率和数量	民用建筑柴油发电机组的额定电压通常为 230/400V，单机容量为 2000 kW 及以下。机组容量和台数根据应急负荷大小和投入顺序以及单台电动机的最大启动容量等因素综合确定。当负荷较大时，可多机并列运行。多机并列运行的机组台数宜为 2~4 台	《民规》6.1.1~6.1.4
供电时间和容量	要尽量设计独立的供电回路。发电机的供电时间和容量根据其承担的用电负荷进行核算，应满足该建筑火灾延续时间内各消防用电设备的要求，以用电时间最长者确定供电时间和容量	《建规》10.1.6 和条文说明
启动方式	一、二级负荷消防电源采用自备发电机时，发电机应设置自动和手动启动装置。当采用自动启动方式时，应能保证在 30 s 内供电。主电源和应急电源之间采用自动切换方式	《建规》10.1.4
设置位置	一、二级负荷消防电源采用自备发电机时，布置在民用建筑内的柴油发电机房宜设置在首层或地下一、二层，不能布置在人员密集场所的邻近层。应采用耐火极限不低于 2.00 h 的防火隔墙和 1.50 h 的不燃性楼板与其他部位分隔，采用甲级防火门	《建规》5.4.13

3）备用电源

（1）备用消防电源的供电时间和容量根据消防用电负荷的数量和大小确定，应满足建筑火灾延续时间内各消防用电设备的要求。

① 火灾自动报警装置火灾时最少持续供电时间不小于 10 min。

② 自动喷水系统火灾时最少持续供电时间不小于 60 min。

③ 其他消防用电设备持续供电时间可参见《民规》3.5.4。

（2）应急照明和灯光疏散指示标志的备用电源需在主电源断电后能立即自动投入使用并持续供电。

① 建筑高度大于 100 m 的民用建筑，备用电源供电的持续时间不应小于 1.5 h。

② 医疗建筑、老年人照料设施、总建筑面积大于 100000 m² 的公共建筑和总建筑面积大于 20000 m² 的地下、半地下建筑，备用电源供电的持续时间不应少于 1.0 h。

③ 其他建筑，备用电源供电的持续时间不应少于 0.5 h。

3. 消防配电设计

1）回路设计

消防用电设备必须采用专用供电回路。配电线路从低压总配电室或分配电室直接连至消防设备或消防设备室最末级配电箱。消防用电设备电源在变压器的低压出线端设置单独主断路器保证消防用电。

如果消防用电设备和非消防用电设备的线路并没有分开，不符合《建规》10.1.6 要求，如图 3-16 所示。《建规》10.1.6 要求消防用电设备必须采用专用的供电回路，如图 3-17 所示。

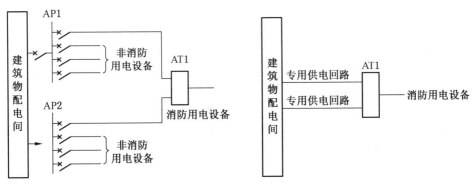

图 3-16　未采用专用供电回路　　　　图 3-17　采用专用供电回路

2）配电设施

（1）按一、二级负荷供电的消防设备，其配电箱应独立设置；按三级负荷供电的消防设备，其配电箱宜独立设置。

配电箱应设置明显标志。配电箱和控制箱应采取防火隔离措施，可以安装在符合防火要求的配电间或控制间。也可以采用内衬岩棉对箱体进行防火保护。配电箱的设置要求参见《建规》10.1.9。

（2）消防控制室、消防水泵房、防烟排烟风机、消防电梯等的供电，应在其配电线路的最末一级配电箱处设置自动切换装置。配电箱的自动切换参见《建规》10.1.8。

3）配电线路

（1）消防配电线路的敷设应采取严格的防火措施，保证火灾时连续供电的需要。消防配电线路的敷设要求参见《建规》10.1.10。

（2）消防用电设备配电系统的分支线路，不应跨越防火分区，分支干线不宜跨越防火分区。

4. 用电系统防火

1）供电线路

架空电力线与甲、乙类厂房（仓库），可燃材料堆垛等对象之间要保证安全防火间距。电力电缆不应和输送甲、乙、丙类液体管道、可燃气体管道等敷设在同一管沟内。供电线路要防止火灾高温、短路和接地故障等影响。电气线路防火要求参见《建规》10.2.1～10.2.3。

2）用电设施

（1）开关、插座和照明灯具靠近可燃物时，应采取隔热、散热等防火措施。卤钨灯和额定功率不小于 100 W 的白炽灯泡的吸顶灯、槽灯、嵌入式灯的引入线应采用瓷管、矿棉等作隔热保护。照明相关设备防火规定参见《建规》10.2.5。

（2）可燃材料仓库内宜使用低温照明灯具，灯具发热部件采取隔热措施，不应使用卤钨灯等高温照明灯具。配电箱及开关应设置在仓库外。可燃仓库照明及配电箱位置参见《建规》10.2.5。

3）电气火灾监控

老年人照料设施的非消防用电负荷应设置电气火灾监控系统。一类高层民用建筑、建筑高度大于 50 m 的乙、丙类厂房和丙类仓库等火灾危险性大的建筑或场所的非消防用电负荷宜设置电气火灾监控系统。设置电气火灾监控系统的建筑范围参见《建规》10.2.7。

（二）难点剖析

1. 大型工矿企业区域负荷分级的确定

对于大型工矿企业来说，涉及的生产装置和用电设施众多，多数情况下需要对某个区域的负荷进行定级，而不是对单个负荷进行定级。在确定一个区域的负荷特性时，应分别统计特别重要负荷，一、二、三级负荷的数量和容量，从而确定在电源出现故障时需向该区域保证供电的等级。在审图过程中需要确定每个区域的单个负荷大小和负荷数量，该过程计算量大、需要对区域负荷进行整体衡量。详细内容参见《供规》3.0.1 及条文说明。

（1）在一个区域内，当用电负荷中一级负荷占大多数时，本区域的负荷作为一个整体可以认为是一级负荷。

（2）在一个区域内，当用电负荷中一级负荷所占的数量和容量都较少时，而二级负荷所占的数量和容量较大时，本区域的负荷作为一个整体可以认为是二级负荷。

（3）在一个生产装置中只有少量的用电设备生产连续性要求高，不允许中断供电，其负荷为一级负荷，而其他的用电设备可以断电，其性质为三级负荷，则整个生产装置的用电负荷可以确定为三级负荷。

2. 消防用电设备专用供电回路的审查

在消防设备的供电中应采用专用的供电回路。在审图过程中，需要审查每个消防用电设备、非消防用电设备及其线路的连接和供电情况。审图过程中需要仔细审查编号、名称、线路、开关、设备等要素，避免出现线路混接和名称混淆等问题，工作量大，需要具备扎实的电气和消防理论基础。经常出现的问题有：

（1）消防设备和非消防设备共用配电线路和配电箱。

（2）消防控制室和弱电中心机房共用电源。

（3）消防稳压泵接到照明配电箱上。

（4）消防泵房的排水泵接在非消防电源上。

（5）火灾报警装置电源接在邻近的照明配电箱上。

二、电气防爆

（一）重点内容

1. 爆炸危险区域分级

对爆炸性气体、可燃蒸气与空气混合形成爆炸性气体混合物的场所，按照其出现的频繁程度和持续时间，分为 0 区、1 区和 2 区爆炸危险区域。详细内容参见《爆炸》3.2.1。

（1）0 区：连续出现或长期出现爆炸性气体混合物的环境。

（2）1 区：在正常运行时可能出现爆炸性气体混合物的环境。

（3）2 区：正常运行时不太可能出现爆炸性气体混合物的环境，即使出现也是短时存在的爆炸性气体混合物的环境。

对于爆炸性粉尘环境，根据爆炸性粉尘出现的频繁程度和持续时间分为 20 区、21 区和 22 区。详细内容参见《爆炸》4.2.2。

（1）20 区：空气中的可燃性粉尘云持续地或长期地或频繁地出现于爆炸性环境中的区域。

（2）21 区：在正常运行时，空气中的可燃性粉尘云很可能偶尔出现于爆炸性环境中的区域。

（3）22 区：在正常运行时，空气中的可燃性粉尘云一般不可能出现于爆炸性粉尘环境中的区域，即使出现，持续时间也是短暂的。

2. 爆炸性气体和粉尘危险区域范围

1）爆炸性气体环境危险区域范围

爆炸性气体环境危险区域范围根据释放源的级别和位置、可燃物质的性质、通风条件等因素综合确定。详细内容参见《爆炸》3.3。

2）爆炸性粉尘环境危险区域范围

爆炸性粉尘环境危险区域范围根据爆炸性粉尘的量、爆炸极限和通风条件确定。详细内容参见《爆炸》4.2。

3. 爆炸性环境用电气设备分类

爆炸性环境用电气设备分为Ⅰ类、Ⅱ类和Ⅲ类。根据使用环境可确定分类，见表3-35。详细内容参见《爆炸性环境　第1部分：设备通用要求》（GB 3836.1—2010），该标准简称为《爆炸性环境　第1部分》4.1~4.3。

表3-35　爆炸性环境用电气设备分类

分类		使 用 环 境	对应规范条目
Ⅰ类		用于煤矿瓦斯气体环境	《爆炸性环境　第1部分》4.1~4.3
Ⅱ类	ⅡA类	用于丙烷环境	
	ⅡB类	用于乙烯环境	
	ⅡC类	用于氢气环境	
Ⅲ类	ⅢA类	用于可燃性飞絮环境	
	ⅢB类	用于非导电性粉尘环境	
	ⅢC类	用于导电性粉尘环境	

4. 防爆电气设备温度组别

Ⅱ类爆炸性气体环境用电气设备的最高表面温度分为T1~T6六组。防爆电气设备应按其最高表面温度不超过可能出现的任何气体或蒸气的引燃温度确定组别，见表3-36。

表3-36　Ⅱ类电气设备的温度组别、最高温度和气体、蒸气引燃温度之间的关系

气体或蒸气的温度组别	气体或蒸气的引燃温度 t/℃	电气设备的最高表面温度/℃	适用电气设备的温度组别	对应规范条目
T1	$t > 450$	450	T1~T6	《爆炸》5.2.3
T2	$300 < t \leqslant 450$	300	T2~T6	
T3	$200 < t \leqslant 300$	200	T3~T6	
T4	$135 < t \leqslant 200$	135	T4~T6	
T5	$100 < t \leqslant 130$	100	T5~T6	
T6	$85 < t \leqslant 100$	85	T6	

5. 电气设备的基本防爆类别

电气设备的基本防爆类别见表3-37。

表3-37 电气设备的基本防爆类别

爆炸性环境	基本防爆类别	对应规范条目
爆炸性气体环境	隔爆外壳	《爆炸性环境 第1部分》29.12.1
	增安型	
	本质安全型	
	浇封型	
	无火花	
	火花保护	
	限制呼吸	
	限能	
	油浸型	
	正压外壳型	
爆炸性粉尘环境	外壳保护型	《爆炸性环境 第1部分》29.12.2
	本质安全型	
	浇封型	
	正压型	

6. 爆炸性环境电气设备的选择

(1) 爆炸性环境中电气设备的选择主要考虑爆炸危险区域的分区、可燃性物质和可燃性粉尘的分级、可燃性物质的引燃温度等因素。

(2) 电气设备的防爆等级不应低于该爆炸性气体环境内爆炸性气体混合物的级别和组别。当区域存在两种以上爆炸危险物质时，电气设备的防爆性能应满足危险程度较高的物质要求。详细内容参见《爆炸》5.2。

(二) 难点剖析

1. 爆炸性环境内电气设备保护级别的选择

电气设备无论是安装在爆炸性气体环境还是安装在爆炸性粉尘环境，都需要满足该环境下的防爆要求。对于爆炸性气体和爆炸性粉尘环境的电气设备来说，防爆型式种类繁多、类别和温度组别的确定过程烦琐。因此，确定防爆电气设备是否适合某个爆炸性环境是一个复杂的过程。防爆标志能够反映电气设备的防爆型式、类别、温度组别、设备保护等级等内容，通过防爆标志可以审查电气设备是否适合设置的爆炸性环境。

1）爆炸性气体环境电气设备防爆标志

（1）符号 Ex，表明电气设备符合专用标准的一个或多个防爆型式。

（2）使用的各种防爆型式符号。例如，"d"隔爆外壳、"e"增安型等，详细符号参见《爆炸性环境 第1部分》29.3。

（3）类别符号。例如，Ⅰ类表示易产生瓦斯的煤矿用电气设备。

（4）对于Ⅱ类电气设备，表示温度组别的符号。

（5）如果适用，设备保护级别"Ga""Gb""Gc""Ma"或"Mb"。

2）爆炸性粉尘环境电气设备防爆标志

（1）符号 Ex，表明电气设备符合专用标准的一个或多个防爆型式。

（2）使用的各种防爆型式符号。例如，"ta"外壳保护型、"ia"本质安全型等，详细符号参见《爆炸性环境 第1部分》29.4。

（3）类别符号。ⅢA类、ⅢB类或ⅢC类爆炸性粉尘环境用电气设备。

（4）最高表面温度摄氏度及单位℃，前面加符号T。例如，T90 ℃。

（5）设备保护级别。例如，"Da""Db"或"Dc"。

（6）防护等级。例如，IP54。

3）爆炸性环境内电气设备保护级别的选择

爆炸性环境内电气设备保护级别的选择见表3-38。

表3-38 爆炸性环境内电气设备保护级别的选择

危险区域	设备保护级别（EPL）	对应规范条目
0 区	Ga	《爆炸》5.2.2
1 区	Ga 或 Gb	
2 区	Ga、Gb 或 Gc	
20 区	Da	
21 区	Da 或 Db	
22 区	Da、Db 或 Dc	

2. 确定电气设备保护级别与电气设备防爆结构的关系

电气设备保护级别是根据设备成为点燃源的可能性和爆炸性气体、爆炸性粉尘环境及煤矿甲烷爆炸性环境所具有的不同特征而对设备规定的保护级别。电气设备保护级别与其防爆结构（型式）之间存在对应关系，见表3-39。根据电气设备保护级别可以确定详细内容参见《爆炸性环境 第1部分》3.18。

表 3-39　爆炸性环境电气设备保护级别

环境	防 爆 型 式	EPL（电气设备保护级别）	保护级别	对应规范条目
爆炸性气体环境	本质安全型"ia" 浇封型"ma"	Ga 或 Ma	很高	《爆炸性环境　第1部分》3.18，《爆炸》5.2.2
	油浸型"o" 正压型"py"	Gb	高	
	隔爆外壳"d" 浇封型"mb" 正压型"px" 充砂型"q" 本质安全型"ib" 油浸型"o"	Gb 或 Mb	高	
	增安型"e"	Gb 或 Mb 或 Gc	高/一般	
	本质安全型"ic" 浇封型"mc" 无火花"nA" 火花保护"nC" 限制呼吸"nR" 正压型"pz" 限能"nL"	Gc	一般	
爆炸性粉尘环境	外壳保护型"ta" 本质安全型"ia" 浇封型"ma"	Da	很高	
	外壳保护型"tb" 本质安全型"ib" 浇封型"mb"	Db	高	
	外壳保护型"tc" 本质安全型"ic" 浇封型"mc"	Dc	一般	
	正压型"p"	Db 或 Dc	高/一般	

第十二节　消防应急照明和疏散指示系统

消防应急照明和疏散指示系统的审查应依据：

（1）《建规》。

（2）《消防应急照明和疏散指示系统技术标准》（GB 51309—2018），该标准简称为《应急照明》。

一、基本术语

（一）消防应急照明和疏散指示系统

为人员疏散和发生火灾时仍需工作的场所提供照明和疏散指示的系统。

（二）消防应急灯具

为人员疏散、消防作业提供照明和指示标志的各类灯具，包括消防应急照明灯具和消防应急标志灯具。

（三）消防应急照明灯具

为人员疏散和发生火灾时仍需工作的场所提供照明的灯具。

（四）消防应急标志灯具

用图形、文字指示疏散方向，指示疏散出口安全出口、楼层、避难层（间）、残疾人通道的灯具。

（五）应急照明配电箱

为自带电源型消防应急灯具供电的供配电装置。

（六）应急照明集中电源

由蓄电池储能，为集中电源型消防应急灯具供电的电源装置。

二、应急照明

（一）消防应急照明设置范围及要求

消防应急照明设置范围及要求审查要点见表3-40。

表3-40　消防应急照明设置范围及要求审查要点

重点内容	审 查 要 点	对应规范条目
设置场所	（1）除建筑高度小于27 m的住宅建筑外，民用建筑、厂房和丙类仓库的下列部位应设置疏散照明： ①封闭楼梯间、防烟楼梯间及其前室、消防电梯间的前室或合用前室、避难走道、避难层（间）。 ②观众厅、展览厅、多功能厅和建筑面积大于200 m² 的营业厅、餐厅、演播室等人员密集的场所。 ③建筑面积大于100 m² 的地下或半地下公共活动场所。 ④公共建筑内的疏散走道。 ⑤人员密集的厂房内的生产场所及疏散走道。	《建规》10.3.1、10.3.3

表 3-40（续）

重点内容	审　查　要　点	对应规范条目
设置场所	（2）消防控制室、消防水泵房、自备发电机房、配电室、防烟和排烟机房以及发生火灾时仍需正常工作的消防设备房应设置备用照明	《建规》10.3.1、10.3.3
安装位置	（1）疏散照明灯具应设置在出口的顶部、墙面的上部或顶棚上。 （2）备用照明灯具应设置在墙面的上部或顶棚上	《建规》10.3.4
蓄电池电源持续工作时间	（1）建筑高度大于 100 m 的民用建筑，不应小于 1.5 h。 （2）医疗建筑、老年人照料设施、总建筑面积大于 100000 m² 的公共建筑和总建筑面积大于 20000 m² 的地下、半地下建筑，不应少于 1.0 h。 （3）其他建筑，不应少于 0.5 h。 （4）城市交通隧道应符合下列规定： ① 一、二类隧道不应小于 1.5 h，隧道端口外接的站房不应小于 2.0 h。 ② 三、四类隧道不应小于 1.0 h，隧道端口外接的站房不应小于 1.5 h	《应急照明》3.2.4

（二）消防应急照明灯最低照度（《应急照明》3.2.5）

消防应急照明灯的部位或场所及其地面水平最低照度见表 3-41。

表 3-41　应急照明灯的部位或场所及其地面水平最低照度

设置部位或场所	地面水平最低照度/lx
Ⅰ-1. 病房楼或手术部的避难间。 Ⅰ-2. 老年人照料设施。 Ⅰ-3. 人员密集场所、老年人照料设施、病房楼或手术部内的楼梯间、前室或合用前室、避难走道。 Ⅰ-4. 逃生辅助装置存放处等特殊区域。 Ⅰ-5. 屋顶直升机停机坪	不应低于 10.0
Ⅱ-1. 除 Ⅰ-3 规定的敞开楼梯间、封闭楼梯间、防烟楼梯间及其前室，室外楼梯。 Ⅱ-2. 消防电梯间的前室或合用前室。 Ⅱ-3. 除 Ⅰ-3 规定的避难走道。 Ⅱ-4. 寄宿制幼儿园和小学的寝室、医院手术室及重症监护室等病人行动不便的病房等需要救援人员协助疏散的区域	不应低于 5.0
Ⅲ-1. 除 Ⅰ-1 规定的避难层（间）。 Ⅲ-2. 观众厅，展览厅，电影院，多功能厅，建筑面积大于 200 m² 的营业厅、餐厅、演播厅，建筑面积超过 400 m² 的办公大厅、会议室等人员密集场所。 Ⅲ-3. 人员密集厂房内的生产场所。 Ⅲ-4. 室内步行街两侧的商铺。 Ⅲ-5. 建筑面积大于 100 m² 的地下或半地下公共活动场所	不应低于 3.0

表 3-41（续）

设置部位或场所	地面水平最低照度/lx
Ⅳ-1. 除Ⅰ-2、Ⅱ-4、Ⅲ-2~Ⅲ-5规定场所的疏散走道、疏散通道。 Ⅳ-2. 室内步行街。 Ⅳ-3. 城市交通隧道两侧、人行横通道和人行疏散通道。 Ⅳ-4. 宾馆、酒店的客房。 Ⅳ-5. 自动扶梯上方或侧上方。 Ⅳ-6. 安全出口外面及附近区域、连廊的连接处两端。 Ⅳ-7. 进入屋顶直升机停机坪的途径。 Ⅳ-8. 配电室、消防控制室、消防水泵房、自备发电机房等发生火灾时仍需工作、值守的区域	不应低于 1.0

三、疏散指示标志

疏散指示标志审查要点见表 3-42。

表 3-42 疏散指示标志审查要点

重点内容		审 查 要 点	对应规范条目
灯光疏散指示标志	设置范围	公共建筑、建筑高度大于 54 m 的住宅建筑、高层厂房（库房）和甲、乙、丙类单、多层厂房，应设置灯光疏散指示标志	《建规》10.3.5
	位置	（1）应设置在安全出口和人员密集的场所的疏散门的正上方。 （2）应设置在疏散走道及其转角处距地面高度 1.0 m 以下的墙面或地面上。灯光疏散指示标志的间距不应大于 20 m；对于袋形走道，不应大于 10 m；在走道转角区，不应大于 1.0 m	《建规》10.3.5
		出口标志灯的设置应符合规定	《应急照明》3.2.8
		方向标志灯的设置应符合规定	《应急照明》3.2.9
保持视觉连续的灯光或蓄光疏散指示标志	设置范围	下列建筑或场所应在疏散走道和主要疏散路径的地面上增设能保持视觉连续的灯光疏散指示标志或蓄光疏散指示标志： （1）总建筑面积大于 8000 m² 的展览建筑。 （2）总建筑面积大于 5000 m² 的地上商店。 （3）总建筑面积大于 500 m² 的地下或半地下商店。 （4）歌舞娱乐放映游艺场所。 （5）座位数超过 1500 个的电影院、剧场，座位数超过 3000 个的体育馆、会堂或礼堂。 （6）车站、码头建筑和民用机场航站楼中建筑面积大于 3000 m² 的候车、候船厅和航站楼的公共区	《建规》10.3.6

表 3-42（续）

重点内容	审 查 要 点		对应规范条目
保持视觉连续的灯光或蓄光疏散指示标志	位置	（1）应设置在疏散走道、疏散通道地面的中心位置。 （2）灯具的设置间距不应大于 3 m	《应急照明》3.2.9

四、难点剖析

（1）在展览建筑、商店、歌舞娱乐放映游艺场所、电影院、剧场和体育馆等大空间或人员密集场所的建筑设计，应在这些场所内部疏散走道和主要疏散路线的地面上增设能保持视觉连续的疏散指示标志。该标志是辅助疏散指示标志，不能作为主要的疏散指示标志。

（2）疏散指示标志的安装位置具体设计还可结合实际情况，在规范规定的范围内合理选定安装位置，比如也可设置在地面上等。

总之，所设置的标志要便于人们辨认，并符合一般人行走时目视前方的习惯，能起诱导作用，但要防止被烟气遮挡，如设在顶棚下的疏散标志应考虑距离顶棚有一定高度。

第四章　其他建筑和场所设计审查

其他建筑和场所是指使用功能和建筑条件特殊，绝大多数不能用《建规》进行消防设计的建筑和场所。这些建筑和场所包括：石油化工生产和储运场所、地铁、加油加气站、火力发电厂、飞机库、汽车库和修车库、洁净厂房、信息机房、古建筑和人民防空工程等。

这些建筑和场所具有特殊的使用性质、工艺布置、环境条件、历史价值，因此应对其取有针对性的防火技术措施，以确保这些建筑和场所的消防安全。

需要特别指出的是：这些建筑和场所多数有自己的专业设计规范，如《飞机库设计防火规范》（GB 50284—2008）、《汽车库、修车库、停车场设计防火规范》（GB 50067—2014）、《人民防空工程设计防火规范》（GB 50098—2009）、《洁净厂房设计规范》（GB 50073—2013）等。

其他还有：油品装卸码头的消防设计应执行《海港总体设计规范》（JTS 165—2013）、《装卸油品码头防火设计规范》（JTJ 237—1999）等。

其他建筑和场所由于其特殊的用途和建筑特点，除具有一般工业和民用建筑的火灾危险点外，各类建筑还具有其自身的火灾危险特性，一般包括：①具有火灾爆炸的高危性；②具有火灾危险源的流动性；③具有火灾规模大的危险性；④具有灭火救援的艰难性；⑤具有火灾损失无法估量的可能性。

因此，其他建筑、场所消防设计要求也具有其自身的特殊性，一般包括：①合理进行总体规划布局；②采取有针对性的防火技术措施；③配置有效的消防设施。

学习本章的方法在于：

（1）应当掌握这类建筑、场所的分类、使用功能、工艺流程等特点。

正是由于这些建筑、场所的分类、特点、使用功能、工艺流程等特点的不同，才使得火灾危险性各异，相应的消防技术措施也存在不同。如飞机库、汽车库的类型不同，相应的消防设计要点也不同。

（2）应当掌握这类建筑、场所消防设计的特点。

不同的消防设计方案是与火灾特性相对应的。例如，石油化工生产和储运场所各类可燃液体、气体储存是重点，地铁的防烟和排烟、安全疏散也是重点，人民防空工程中各类人员聚集场所的防火分区、安全疏散、内部装修等也是其重点内容。

第一节 甲、乙、丙类液体、气体储罐（区）

甲、乙、丙类液体、气体储罐区的审查应依据《建规》。

一、一般规定

（1）桶装、瓶装甲类液体不应露天存放。

（2）液化石油气储罐组或储罐区的四周应设置高度不小于 1.0 m 的不燃性实体防护墙。

（3）架空电力线与甲、乙类厂房（仓库），可燃材料堆垛，甲、乙、丙类液体储罐，液化石油气储罐，可燃、助燃气体储罐的最近水平距离应符合《建规》表 10.2.1 的规定。

① 甲、乙类液体储罐与架空电力线的最近水平距离不应小于电杆（塔）高度的 1.50 倍。

② 丙类液体储罐与架空电力线的最近水平距离不应小于电杆（塔）高度的 1.20 倍。

③ 35 kV 及以上架空电力线与单罐容积大于 200 m³ 或总容积大于 1000 m³ 液化石油气储罐（区）的最近水平距离不应小于 40 m。

二、总平面布局

（1）甲、乙、丙类液体储罐区，液化石油气储罐区，可燃、助燃气体储罐区和可燃材料堆场等，应布置在城市（区域）的边缘或相对独立的安全地带，并宜布置在城市（区域）全年最小频率风向的上风侧。

① 甲、乙、丙类液体储罐（区）宜布置在地势较低的地带。当布置在地势较高的地带时，应采取安全防护设施。

② 液化石油气储罐（区）宜布置在地势平坦、开阔等不易积存液化石油气的地带。

（2）甲、乙、丙类液体储罐区，液化石油气储罐区，可燃、助燃气体储罐区和可燃材料堆场，应与装卸区、辅助生产区及办公区分开布置。

三、储罐防火

（1）钢质储罐必须作防雷接地，接地点不应少于两处。钢质储罐接地点沿储罐周长的间距，不宜大于 30 m，接地电阻不宜大于 10 Ω。

（2）当装有阻火器的地上卧式储罐的壁厚和地上固定顶钢质储罐的顶板厚度等于或大于 4 mm 时，可不设避雷针。

（3）铝顶储罐和顶板厚度小于 4 mm 的钢质储罐，应装设避雷针。

（4）浮顶罐或内浮顶罐可不设避雷针，但应将浮顶与罐体用两根导线作电气连接。

四、防火间距

（一）甲、乙、丙类液体储罐（区）的防火间距

（1）当甲、乙类液体储罐和丙类液体储罐布置在同一储罐区时，罐区的总容量可按 1 m³ 甲、乙类液体相当于 5 m³ 丙类液体折算。

（2）储罐防火堤外侧基脚至相邻建筑的距离不应小于 10 m。

（3）甲、乙、丙类液体储罐之间的防火间距不应小于《建规》表 4.2.2 的规定。

（4）甲、乙、丙类液体储罐成组布置时，应符合《建规》表 4.2.3 规定。

（二）液化石油气储罐（区）的防火间距

（1）液化石油气供应基地的全压式和半冷冻式储罐（区）与明火或散发火花地点和基地外建筑的防火间距应按储罐区的总容积或单罐容积的较大者确定（《建规》4.4.1）。

（2）液化石油气储罐之间的防火间距不应小于相邻较大罐的直径。

数个储罐的总容积大于 3000 m³ 时，应分组布置，组内储罐宜采用单排布置。组与组相邻储罐之间的防火间距不应小于 20 m。

五、防火堤

防火堤的设置应符合下列规定（《建规》4.2.5）：

（1）甲、乙、丙类液体的地上式、半地下式储罐或储罐组，其四周应设置不燃性防火堤。

（2）防火堤内的储罐布置不宜超过 2 排，单罐容量不大于 1000 m³ 且闪点大于 120 ℃ 的液体储罐不宜超过 4 排。

（3）防火堤的有效容量不应小于其中最大储罐的容量。对于浮顶罐，防火堤的有效容量可为其中最大储罐容量的一半。

（4）防火堤内侧基脚线至立式储罐外壁的水平距离不应小于罐壁高度的一半。防火堤内侧基脚线至卧式储罐的水平距离不应小于 3 m。

（5）防火堤的设计高度应比计算高度高出 0.2 m，且应为 1.0~2.2 m，在防火堤的适当位置应设置便于灭火救援人员进出防火堤的踏步。

第二节　地　铁　防　火

地铁防火消防设计审查应依据《地铁设计防火标准》（GB 51298—2018），该标准简称为《地铁》。

一、地铁的建筑防火设计

（一）耐火等级

（1）地下的车站、区间主体建筑、变电站等主体工程及出入口通道、风道，耐火等级应为一级。

（2）地面出入口、风亭等附属建筑，地面车站、高架车站及高架区间的建、构筑物，耐火等级不得低于二级。

（3）控制中心建筑，耐火等级应为一级。

（二）防火分区

1. 地下车站

（1）站台和站厅公共区可划为一个防火分区，站厅公共区的建筑面积不宜大于 5000 m²。

（2）站台设备管理区应与站厅、站台公共区划分为不同的防火分区，设备管理用房区每个防火分区的最大允许建筑面积不应大于 1500 m²。

2. 地上车站

（1）站厅公共区每个防火分区的最大允许建筑面积不应大于 5000 m²。

（2）站台设备管理区应与站厅、站台公共区，划分为不同的防火分区：

① 设备管理用房区每个防火分区的最大允许建筑面积不应大于 2500 m²。

② 建筑高度大于 24 m 的高架车站，设备管理用房区每个防火分区不应大于 1500 m²。

（三）内部装修

1. 地上车站公共区

墙面、顶面应采用 A 级材料；满足自然排烟条件的车站公共区，地面应采用不低于 B₁ 级材料。

2. 中央控制室、应急指挥室、控制中心

墙面、顶面应采用 A 级材料，其他均应采用不低于 B₁ 材料。

3. 公共区

地上、地下车站公共区的广告灯箱、导向标志、休息椅、电话亭、售检票机等固定服务设施，应采用不低于 B_1 级难燃材料；垃圾箱应采用 A 级材料。

4. 站台、站厅、人员出入口、疏散楼梯间、避难通道、消防专用通道等墙面、顶面、地面应采用 A 级材料；站台门的绝缘层、具有自然排烟条件的地上房间地面，可采用 B_1 级材料。

5. 装修材料

装修材料不得采用石棉、玻璃纤维、塑料类等制品。

（四）防烟分区

（1）地下车站的公共区，以及设备与管理用房，应划分防烟分区，且防烟分区不得跨越防火分区。

（2）站厅与站台的公共区每个防烟分区的建筑面积，不宜超过 2000 m^2，设备与管理用房每个防烟分区的建筑面积不宜超过 750 m^2。

（3）挡烟垂壁或防烟分隔构件，应为 A 级材料；挡烟垂壁下缘至地面、楼梯、踏步面等不应小于 2.3 m。

（五）安全疏散

地铁安全疏散设计审查要点见表 4-1。

表 4-1　地铁安全疏散设计审查要点

重点内容	审查要点
疏散时间的一般规定	一列进站列车所载乘客及站台上的候车人员在 4 min 内全部撤离站台，在 6 min 内全部疏散到站厅公共区或其他安全区
安全出口分散设置情况	（1）每个站厅公共区至少设置两个安全出口，应分散布置，且相邻两个之间最小水平距离不小于 20 m。 （2）换乘车站共用一个站厅公共区时，站厅公共区应按每条线不少于 2 个布置
安全疏散距离	地下车站有人值守的设备管理用房的疏散门至安全出口的距离： （1）当疏散门位于 2 个安全出口之间时，不应大于 40 m。 （2）当疏散门位于袋形走道两侧或尽端时，不应大于 22 m
地下出入口通道的长度	不宜超过 100 m；超过 100 m 时应增设安全出口，且通道内任一点至最近安全出口的距离不应大于 50 m

二、地铁的消防设施

（一）消火栓给水系统

1. 一般规定

除高架区间外，地铁工程应设置室内外消防给水系统。

2. 室外消火栓系统

（1）除地上区间外，地铁车站及其附属建筑、车辆基地应设置室外消火栓系统。

（2）地下车站的室外消火栓设置数量应满足灭火救援要求，且不应少于 2 个，其室外消火栓设计流量不应小于 20 L/s。

3. 室内消火栓系统

（1）车站的站厅层、站台层、设备层、地下区间及长度大于 30 m 的人行通道等处均应设置室内消火栓。

（2）地下车站的室内消火栓设计流量不应小于 20 L/s。地下车站出入口通道、地下折返线及地下区间的室内消火栓设计流量不应小于 10 L/s。

（二）自动喷水灭火系统与自动灭火系统

1. 自动喷水灭火系统

下列场所应设置自动喷水灭火系统：

（1）建筑面积大于 6000 m² 的地下、半地下和上盖设置了其他功能建筑的停车库、列检库、停车列检库、运用库、联合检修库。

（2）可燃物品的仓库和难燃物品的高架仓库或高层仓库。

2. 自动灭火系统

下列场所应设置自动灭火系统：

（1）地下车站的环控电控室、通信设备室（含电源室）、信号设备室（含电源室）、公网机房、降压变电所、牵引变电所、站台门控制室、蓄电池室、自动售检票设备室。

（2）地下主变电所的变压器室、控制室、补偿装置室、配电装置室、蓄电池室、接地电阻室、站用变电室等。

（3）控制中心的综合监控设备室、通信机房、信号机房、自动售检票机房、计算机数据中心、电源室等无人值守的重要电气设备用房。

（三）防烟和排烟设施

1. 排烟设施

下列场所应设置排烟设施：

（1）地下或封闭车站的站厅、站台公共区。

（2）同一个防火分区内总建筑面积大于 200 m² 的地下车站设备管理区，地下单个建筑面积大于 50 m² 且经常有人停留或可燃物较多的房间。

（3）连续长度大于一列列车长度的地下区间和全封闭车道。

（4）车站设备管理区内长度大于 20 m 的内走道，长度大于 60 m 的地下换乘通道、连接通道和出入口通道。

2. 防烟设施

（1）防烟楼梯间及其前室、避难走道及其前室应设置防烟设施。

（2）地下车站设置机械加压送风系统的封闭楼梯间、防烟楼梯间宜在其顶部设置固定窗，但公共区供乘客疏散、设置机械加压送风系统的封闭楼梯间、防烟楼梯间顶部应设置固定窗。

3. 排烟设备

（1）地下车站的排烟风机在 280 ℃时应能连续工作不小于 1.0 h，地上车站和控制中心及其他附属建筑的排烟风机在 280 ℃时应能连续工作不小于 0.5 h。

（2）地下区间的排烟风机的运转时间不应小于区间乘客疏散所需的最长时间，且在 280 ℃时应能连续工作不小于 1 h。

（3）火灾时需要运行的风机，从静态转换为事故状态所需时间不应大于 30 s，从运转状态转换为事故状态所需时间不应大于 60 s。

（四）自动报警系统与消防配电

自动报警系统与消防配电审查要点见表4-2。

表4-2　自动报警系统与消防配电审查要点

重点内容		审查要点
自动报警系统	设置场所	车站、地下区间、区间变电所及系统设备用房、主变电所、控制中心、车辆基地应设置火灾自动报警系统
	设置标准	正常运行工况需控制的设备，应由环境与设备监控系统直接监控；火灾工况专用的设备，应由火灾自动报警系统直接监控
消防配电与应急照明	消防配电	地铁的消防用电负荷应为一级负荷。其中，火灾自动报警系统、环境与设备监控系统、变电所操作电源和地下车站及区间的应急照明用电负荷应为特别重要负荷
	应急照明	（1）应急照明应由应急电源提供专用回路供电，并应按公共区与设备管理区分回路供电。备用照明和疏散照明不应由同一分支回路供电。 （2）地下车站及区间应急照明的持续供电时间不应小于 60 min，由正常照明转换为应急照明的切换时间不应大于 5 s。 （3）车站疏散照明的地面最低水平照度不应小于 3.0lx，楼梯或扶梯、疏散通道转角处的照度不应低于 5.0lx；地下区间道床面疏散照明的最低水平照度不应小于 3.0lx

第三节 城市交通隧道防火

城市交通隧道防火消防设计审查应依据《建规》。

一、隧道分类（《建规》12.1.2）

单孔和双孔隧道应按其封闭段长度和交通情况分为一、二、三、四类，并应符合表4-3的规定。

表4-3 单孔和双孔隧道分类表

用　途	一类	二类	三类	四类
	隧道封闭段长度 L/m			
可通行危险化学品等机动车	$L > 1500$	$500 < L \leqslant 1500$	$L \leqslant 500$	—
仅限非危险化学品等机动车	$L > 3000$	$1500 < L \leqslant 3000$	$500 < L \leqslant 1500$	$L \leqslant 500$
仅限人行或通行非机动车	—	—	$L > 1500$	$L \leqslant 1500$

二、隧道建筑防火设计

隧道建筑防火设计审查要点见表4-4。

表4-4 隧道建筑防火设计审查要点

重点内容	审查部位和要点	技　术　要　求	对应规范条目
结构与材料	结构耐火极限	对于一、二类隧道，分别不应低于2.00 h和1.50 h；对于通行机动车的三类隧道，不应低于2.00 h	《建规》12.1.3
	耐火等级	（1）隧道内的地下设备用房、风井和消防救援出入口的耐火等级应为一级。 （2）地面的重要设备用房、运营管理中心及其他地面附属用房的耐火等级不应低于二级	《建规》12.1.4
	内部装修	除嵌缝材料外，应采用不燃材料	《建规》12.1.5
防火分隔	地下设备用房	每个防火分区最大允许面积不应超过1500 m²	《建规》12.1.10
	其他辅助用房等	变电站、管廊、专用疏散通道、通风机房等，应采用耐火极限不低于2.00 h的隔墙、乙级防火门与车行隧道分隔	《建规》12.1.9

表4-4（续）

重点内容	审查部位和要点	技 术 要 求	对应规范条目
防火分隔	隧道与人行横通道或人行疏散通道的连通处	应采取防火分隔措施，门应采用乙级防火门	《建规》12.1.7
安全疏散	通行机动车的双孔隧道，其车行横通道或车行疏散通道	（1）水底隧道宜设置车行横通道或车行疏散通道。车行横通道的间隔和隧道通向车行疏散通道入口的间隔宜为1000～1500 m。 （2）非水底隧道应设置车行横通道或车行疏散通道。车行横通道的间隔和隧道通向车行疏散通道入口的间隔不宜大于1000 m。 （3）车行横通道和车行疏散通道的净宽度不应小于4.0 m，净高度不应小于4.5 m	《建规》12.1.6
	双孔隧道应设置人行横通道或人行疏散通道	（1）人行横通道的间隔和隧道通向人行疏散通道入口的间隔，宜为250～300 m。 （2）人行横通道可利用车行横通道。 （3）人行横通道或人行疏散通道的净宽度不应小于1.2 m，净高度不应小于2.1 m	《建规》12.1.7
	单孔隧道	单孔隧道宜设置直通室外的人员疏散门或独立避难所等避难设施	《建规》12.1.8

三、隧道的消防设施

隧道的消防设施审查要点见表4-5。

表4-5 隧道的消防设施审查要点

重点内容	设施	审 查 要 点	对应规范条目
灭火设施	消火栓系统	除四类隧道和行人或通行非机动车辆的三类隧道外，隧道内应设置消防给水系统，且宜独立设置	《建规》12.2.2
		隧道内的消火栓用水量不应小于20 L/s，隧道外的消火栓用水量不应小于30 L/s。对于长度小于1000 m的三类隧道，隧道内外的消火栓用水量可分别为10 L/s和20 L/s	
		隧道内消火栓的间距不应大于50 m	

表 4-5（续）

重点内容	设施	审查要点	对应规范条目
灭火设施	灭火器	应设置 ABC 类灭火器，并应符合下列规定： （1）通行机动车的一、二类隧道和通行机动车并设置 3 条及以上车道的三类隧道，在隧道两侧均应设置灭火器；每个设置点不应少于 4 具。 （2）其他隧道，可在隧道一侧设置灭火器；每个设置点不应少于 2 具。 （3）灭火器设置点的间距不应大于 100 m	《建规》12.2.4
排烟模式	设置	通行机动车的一、二、三类隧道应设置排烟设施	《建规》12.3.1~12.3.4
排烟模式	排烟方式	（1）长度大于 3000 m 的隧道，宜采用纵向分段排烟方式或重点排烟方式。 （2）长度不大于 3000 m 的单洞单向交通隧道，宜采用纵向排烟方式。 （3）单洞双向交通隧道，宜采用重点排烟方式	《建规》12.3.1~12.3.4
排烟模式	排烟系统要求	（1）采用全横向和半横向通风方式时，可通过排风管道排烟。 （2）采用纵向排烟方式时，应能迅速组织气流、有效排烟，其排烟风速应根据隧道内的最不利火灾规模确定，且纵向气流的速度不应小于 2 m/s，并应大于临界风速	《建规》12.3.1~12.3.4
自动报警系统	警报信号装置	隧道入口外 100~150 m 处，应设置隧道内发生火灾时能提示车辆禁入隧道的警报信号装置	《建规》12.4.1
自动报警系统	系统设置	一、二类隧道应设置火灾自动报警系统，通行机动车的三类隧道宜设置火灾自动报警系统	《建规》12.4.2
消防供电		（1）一、二类隧道的消防用电按一级负荷要求供电。三类隧道按二级负荷要求供电。 （2）隧道两侧、人行横通道和人行疏散通道上应设置疏散照明和疏散指示标志，其设置高度不宜大于 1.5 m。 （3）一、二类隧道内疏散照明和疏散指示标志的连续供电时间不应小于 1.5 h；其他隧道，不应小于 1.0 h	《建规》12.5.1、12.5.3

第四节　加油加气站防火

加油加气站防火消防设计审查应依据《汽车加油加气站设计与施工规范》（GB 50156—2012，2014 年版）。

一、加油加气站的等级分类

(一) 汽车加油站

汽车加油站的等级分类见表4-6。

表4-6 加油站的等级分类

级 别	油罐容积/m^3	
	总容积 V	单罐容积
一级	$150 < V \leqslant 210$	$\leqslant 50$
二级	$90 < V \leqslant 150$	$\leqslant 50$
三级	$V \leqslant 90$	汽油罐 $\leqslant 30$，柴油罐 $\leqslant 50$

注：柴油罐容积可折半计入总容积。

(二) LPG加气站

LPG加气站的等级分类见表4-7。

表4-7 LPG加气站的等级分类

级 别	LPG罐容积/m^3	
	总容积 V	单罐容积
一级	$45 < V \leqslant 60$	$\leqslant 30$
二级	$30 < V \leqslant 45$	$\leqslant 30$
三级	$V \leqslant 30$	$\leqslant 30$

(三) CNG加气站

在城市建成区内，CNG加气母站储气设施的总容积不应超过120 m^3；CNG常规加气站储气设施的总容积不应超过30 m^3。

CNG加气子站停放的车载储气瓶组拖车不应多于1辆，站内固定储气设施的总容积不应超过18 m^3。若CNG加气子站内无固定储气设施，站内可停放不超过两辆车载储气瓶组拖车。

(四) CNG车载储气瓶组拖车

作为站内储气设施使用的CNG车载储气瓶组拖车，其单车储气瓶组的总容积不应大于24 m^3。

(五) 加油与其他加气合建站

加油与LPG加气合建站，加油与CNG加气合建站，加油与LNG加气、L-CNG加气、LNG/L-CNG加气以及加油与LNG加气和CNG加气合建站的等级分类中的相同要求：

（1）柴油罐容积可折半计入油罐总容积。

（2）当油罐容积大于 90 m³ 时，油罐单罐容积不应大于 50 m³；当油罐总容积小于或等于 90 m³ 时，汽油罐单罐容积不应大于 30 m³，柴油罐单罐容积不应大于 50 m³。

（3）LPG 单罐容积不应大于 30 m³。

（4）LNG 储罐的单罐容积不应大于 60 m³。

二、加油加气站的平面布局

加油加气站的平面布局审查要点见表 4-8。

表 4-8　加油加气站的平面布局审查要点

重点内容		审　查　要　点
选址		在城市建成区不宜（城市中心区不应）建一级加油站、一级加气站、一级加油加气合建站、CNG 加气母站
		城市建成区内的加油加气站，宜靠近城市道路，但不宜选在城市干道的交叉路口附近
平面布局	车辆入口和出口	应分开设置
	站区停车位和道路	（1）宜靠近城市道路，但不宜选在城市干道的交叉路口附近。 （2）CNG 加气母站内单车道或单车停车位宽度，不应小于 4.5 m。 （3）双车道或双车停车位宽度不应小于 9 m。 （4）其他类型加油加气站的车道或停车位，单车道或单车停车位宽度不应小于 4 m，双车道或双车停车位宽度不应小于 6 m
	加油加气作业区内	不得有"明火地点"或"散发火花地点"
	柴油罐布置	宜将柴油罐布置在 LPG 储罐或 CNG 储气瓶（组）、LNG 储罐与汽油罐之间
	柴油尾气处理液加注设施的布置	（1）不符合防爆要求的设备，应布置在爆炸危险区域之外，且与爆炸危险区域边界线的距离不应小于 3 m。 （2）符合防爆要求的设备，在进行平面布置时可按加油机对待
	电动汽车充电设施	应布置在辅助服务区内
	变配电间或室外变压器	应布置在爆炸危险区域之外，且与爆炸危险区域边界线的距离不应小于 3 m
	加油加气站内的爆炸危险区域	不应超出站区围墙和可用地界线

表4-8（续）

重点内容	审 查 要 点
平面布局	加油加气站内设置的经营性餐饮、汽车附属设施	不应布置在加油加气作业区内。经营性餐饮、汽车服务等设施内设置明火设备时，则应视为"明火地点"或"散发火花地点"。其中，对加油站内设置的燃煤设备不得按设置有油气回收系统折减距离
	加油加气站的工艺设备与站外建（构）筑物之间	（1）宜设置高度不低于2.2 m的不燃烧体实体围墙。 （2）当加油加气站的工艺设备与站外建（构）筑物之间的距离大于《汽车加油加气站设计与施工规范》（GB 50156—2012，2014年版）表4.0.4至表4.0.9中防火间距的1.5倍，且大于25 m时，可设置非实体围墙。 （3）面向车辆入口和出口道路的一侧可设非实体围墙或不设围墙

三、加油加气站的建筑防火通用要求

加油加气站的建筑防火通用要求审查要点见表4-9。

表4-9　加油加气站的建筑防火审查要点

重点内容	审 查 要 点
加油加气站内的站房及其他附属建筑物的耐火等级	（1）耐火等级不应低于二级。 （2）当罩棚顶棚的承重构件为钢结构时，其耐火极限可为0.25 h，罩棚顶棚其他部分不得采用燃烧体建造
加气站、加油加气合建站内建筑物的防爆措施	（1）门、窗应向外开。 （2）有爆炸危险的建筑物，应采取泄压措施。 （3）加油加气站内，爆炸危险区域内的房间的地坪应采用不发火花地面并采取通风措施
站房与辅助服务区内设施之间	站房与设置在辅助服务区内的餐厅、汽车服务、锅炉房、厨房、员工宿舍等设施之间，应设置无门、窗、洞口且耐火极限不低于3.00 h的实体墙
液化石油气加气站内的植物	液化石油气加气站内不应种植树木和易造成可燃气体积聚的其他植物
加油岛、加气岛及汽车加油、加气场地罩棚的设置	罩棚应采用不燃材料制作，其有效高度不应小于4.5 m。罩棚边缘与加油机或加气机的平面距离不宜小于2 m

表 4-9（续）

重点内容	审查要点
锅炉的选用	（1）锅炉宜选用额定供热量不大于 140 kW 的小型锅炉。 （2）当采用燃煤锅炉时，宜选用具有除尘功能的自然通风型锅炉。 （3）锅炉烟囱出口应高出屋顶 2 m 及以上，且应采取防止火星外逸的有效措施
站内地面雨水排出	（1）在排出围墙之前，应设置水封装置。 （2）清洗油罐的污水应集中收集处理，不应直接进入排水管道。 （3）液化石油气罐的排污（排水）应采用活动式回收桶集中收集处理，严禁直接接入排水管道
加油加气站的电力线路	宜采用电缆并直埋敷设
钢质油罐、液化石油气储罐、液化天然气储罐和压缩天然气储气瓶组防雷	（1）必须进行防雷接地，接地点不应少于两处。 （2）当加油加气站的站房和罩棚需要防直击雷时，应采用避雷带（网）保护

四、加油加气站的消防设施

加油加气站的消防设施审查要点见表 4-10。

表 4-10　加油加气站的消防设施审查要点

类型	审查要点
消防给水设施	（1）液化石油气加气站、加油和液化石油气加气合建站应设消防给水系统。 （2）设置有地上 LNG 储罐的一、二级 LNG 加气站和地上 LNG 储罐总容积大于 60 m³ 的合建站应设消防给水系统。 一级站消火栓消防用水量不小于 20 L/s，二级站不小于 15 L/s，连续给水时间为 2 h。 （3）消防水泵宜设 2 台，当设 2 台时，可以不设备用泵
火灾报警系统	（1）加气站、加油加气合建站应设置可燃气体检测报警系统。 （2）加气站、加油加气合建站内设置有 LPG 设备、LNG 设备的场所和设置有 CNG 设备（包括罐、瓶、泵、压缩机等）的房间内、罩棚下，应设置可燃气体检测器。 （3）可燃气体检测器一级报警设定值应小于或等于可燃气体爆炸下限的 25 %。 （4）LPG 储罐和 LNG 储罐应设置液位上限、下限报警装置和压力上限报警装置
供配电	（1）加油加气站的供电负荷等级可为三级，信息系统应设不间断供电电源。 （2）加油加气站的电力线路宜采用电缆并直埋敷设。电缆穿越行车道部分，应穿钢管保护。 （3）当采用电缆沟敷设电缆时，加油加气作业区内的电缆沟内必须充沙填实。电缆不得与油品、LPG、LNG 和 CNG 管道以及热力管道敷设在同一沟内

第五节 发电厂与变电站防火

发电厂与变电站防火消防设计审查应该依据《火力发电厂与变电站设计防火标准》（GB 50229—2019），该标准适用于下列新建、改建和扩建的火力发电厂、变电站：

（1）1000 MW级机组及以下的燃煤火力发电厂（简称燃煤电厂）。

（2）燃气轮机标准额定出力400 MW级及以下的简单循环或燃气-蒸汽联合循环电厂（简称为燃机电厂）。

（3）电压为1000 kV级及以下的变电站、换流站。

一、火力发电厂消防设计

（一）火力发电厂重点防火区域

主厂房是火力发电厂生产的核心，围绕主厂房划分为一个重点防火区域。火力发电厂重点防火区域及区域内主要建（构）筑物见表4-11。

表4-11 火力发电厂重点防火区域及区域内主要建（构）筑物

重点防火区域	区域内主要建（构）筑物
主厂房区	主厂房、除尘器、吸风机室、烟囱、脱硫装置、靠近汽机房的各类油浸变压器
配电装置区	配电装置的带油电气设备、网络控制楼或继电器室
点火油罐区	供卸油泵房、储油罐、含油污水处理站
贮煤场区	贮煤场、转运站、卸煤装置、运煤隧道、运煤栈桥、筒仓
制氢站、供氢站区	制氢间、氢气罐
液氨区	液氨储罐、配电间
消防水泵房区	消防水泵房、蓄水池
材料库区	一般材料库、特种材料库、材料棚库

（二）耐火构造

（1）火力发电厂主厂房（包括汽轮发电机房、除氧间、集中控制楼、煤仓间和锅炉房），其生产过程中的火灾危险性为丁级，要求厂房的建筑构件的耐火等级为二级。

（2）对钢结构，在容易发生火灾的部位需采取必要的防火保护措施，以达到防火要求。主厂房的锅炉房可采用无防火保护的金属承重构件。

（3）承重构件为不燃烧体的主厂房及运煤栈桥，其非承重外墙为不燃烧体时，其耐火极限不限；为难燃烧体时，其耐火极限不应小于0.50 h。

（4）除氧间与煤仓间或锅炉房之间应设置不燃烧体的隔墙。汽机房与合并的除氧煤仓间或锅炉房之间应设置不燃烧体的隔墙。隔墙的耐火极限不应小于1.00 h。

（5）发电厂建筑物内电缆夹层的内墙应采用耐火极限不小于1.00 h的不燃烧体。

（三）防火分区面积

1. 主厂房地上部分

（1）600 MW级及以下机组，不应大于6台机组的建筑面积。

（2）600 MW级以上机组、1000 MW级机组，不应大于4台机组的建筑面积。

2. 主厂房地下部分

不应大于1台机组的建筑面积。

（四）（主厂房的）安全疏散

（1）汽机房、除氧间、煤仓间、锅炉房、集中控制楼的安全出口均不应少于2个。可利用通向相邻车间的乙级防火门作为第二安全出口，但每个车间地面层至少必须有1个直通室外的安全出口。

（2）汽机房、除氧间、煤仓间、锅炉房最远工作地点到直通室外的安全出口或疏散楼梯的距离不应大于75 m，集中控制楼该距离不应大于50 m。

（3）主厂房至少应有1个能通至各层和屋面且能直接通向室外的封闭楼梯间，其他疏散楼梯可为敞开式楼梯；集中控制楼至少应设置1个通至各层的封闭楼梯间。

（4）主厂房室外疏散楼梯的净宽不应小于0.9 m，楼梯坡度不应大于45°，楼梯栏杆高度不应低于1.1 m。主厂房室内疏散楼梯净宽不宜小于1.1 m，疏散走道的净宽不宜小于1.4 m，疏散门的净宽不宜小于0.9 m。

（5）集中控制室的房间疏散门不应少于2个，当房间位于2个安全出口之间，且建筑面积小于或等于120 m² 时可设置1个。

（五）内部装修

集中控制室、主控制室、网络控制室、汽机控制室、锅炉控制室和计算机房，其顶棚和墙面应采用A级装修材料，其他部位应采用不低于B_1级的装修材料。

（六）火力发电厂消防系统设计要求

1. 火灾自动报警系统设计要求

（1）单机容量为50~150 MW的燃煤电厂，应设置集中报警系统。

（2）单机容量为200 MW及以上的燃煤电厂，应设置控制中心报警系统。

199

（3）200 MW 级机组及以上容量的燃煤电厂，宜按《火力发电厂与变电站设计防火标准》（GB 50229—2019）7. 13 划分火灾报警区域。

2. 消防给水系统

单机容量 125 MW 机组及以上的燃煤电厂消防给水应采用独立的消防给水系统。

单机容量 100 MW 机组及以下的燃煤电厂消防给水宜采用与生活用水或生产用水合用的给水系统。

3. 室外消防给水管道和消火栓

室外消防给水管道和消火栓的布置应符合《消防给水及消火栓系统技术规范》（GB 50974—2014）的有关规定；液氨区及露天布置的锅炉区域，消火栓的间距不宜大于 60 m；液氨区应配置喷雾水枪。

4. 室内消火栓

下列建筑物或场所应设置室内消火栓：

（1）主厂房（包括汽机房和锅炉房的底层、运转层，煤仓间各层，除氧器层，锅炉燃烧器各层平台，集中控制楼）。

（2）主控制楼、网络控制楼、微波楼、屋内高压配电装置（有充油设备）、脱硫控制楼、吸收塔的检修维护平台。

（3）屋内卸煤装置、碎煤机室、转运站、筒仓运煤皮带层。

（4）柴油发电机房。

（5）一般材料库、特殊材料库。

5. 灭火系统

1）自动喷水与水喷雾灭火系统

适用于汽轮机油箱、电液装置（抗燃油除外）、氢密封油装置汽机运转层下及中间层油管道、给水泵油箱（抗燃油除外）、汽机储油箱（主厂房内）、锅炉本体燃烧器等。

2）气体灭火系统

集中控制楼内的单元控制室、电子设备间、电气继电器室、DCS 工程师站房或计算机房、原煤仓、煤粉仓（无烟煤除外）（惰化），宜采用组合分配气体灭火系统。

3）泡沫灭火系统

点火油罐区宜采用低倍数或中倍数泡沫灭火系统。其中：单罐容量大于 200 m³ 的油罐应采用固定式泡沫灭火系统，单罐容量小于或等于 200 m³ 的油罐可采用移动式泡沫灭火系统。

6. 消防供电系统设计要求

（1）自动灭火系统、与消防有关的电动阀门及交流控制负荷应按保安负荷供电。当机组无保安电源时，应按Ⅰ类负荷供电。

（2）消防水泵及主厂房电梯：

单机容量为 25 MW 以上的发电厂，消防水泵及主厂房电梯应按Ⅰ类负荷供电。

单机容量为 25 MW 及以下的发电厂，消防水泵及主厂房电梯应按不低于Ⅱ类负荷供电。

单台发电机容量为 200 MW 及以上时，主厂房电梯应按保安负荷供电。

二、变配电站建筑消防设计

（一）建筑防火设计

（1）设置带油电气设备的建（构）筑物与贴邻或靠近该建（构）筑物的其他建（构）筑物之间应设置防火墙。

（2）控制室顶棚和墙面应采用 A 级装修材料，控制室其他部位应采用不低于 B_1 级的装修材料。

（3）地上油浸变压器室的门应直通室外；地下油浸变压器室门应向公共走道方向开启，该门应采用甲级防火门；干式变压器室、电容器室门应向公共走道方向开启，该门应采用乙级防火门；蓄电池室、电缆夹层、继电器室、通信机房、配电装置室的门应向疏散方向开启，当门外为公共走道或其他房间时，该门应采用乙级防火门。配电装置室的中间隔墙上的门可采用分别向不同方向开启且宜相邻的 2 个乙级防火门。

（4）地下变电站、地上变电站的地下室每个防火分区的建筑面积不应大于 1000 m²。设置自动灭火系统的防火分区，其防火分区面积可增大 1.0 倍；当局部设置自动灭火系统时，增加面积可按该局部面积的 1.0 倍计算。

（5）主控制楼当每层建筑面积小于或等于 400 m² 时，可设置 1 个安全出口；当每层建筑面积大于 400 m² 时，应设置 2 个安全出口，其中 1 个安全出口可通向室外楼梯。其他建筑的安全出口设置应符合《建规》的有关规定。

（6）地下变电站、地上变电站的地下室、半地下室安全出口数量不应少于 2 个。

（7）地下变电站楼梯间设计要求应符合《建规》的有关规定。

（二）电气设备与电缆敷设防火设计要求

（1）总油量超过 100 kg 的室内油浸变压器，应设置单独的变压器室。

（2）35 kV 及以下室内配电装置当未采用金属封闭开关设备时，其油断路器、油浸电流互感器和电压互感器，应设置在两侧有不燃烧实体墙的间隔内；35 kV 以上室内配电装置应安装在有不燃烧实体墙的间隔内，不燃烧实体墙的高度不应低于配电装置中带油设备的高度。

（3）室内单台总油量为 100 kg 以上的电气设备，应设置贮油或挡油设施。挡油设施的容积宜按油量的 20% 设计，并应设置将事故油排至安全处的设施；当不能满足上述要求时，应设置能容纳全部油量的贮油设施。

室外单台油量为 1000 kg 以上的电气设备，应设置贮油或挡油设施。挡油设施的容积宜按油量的 20% 设计，并应设置将事故油排至安全处的设施；当不能满足上述要求且变压器未设置水喷雾灭火系统时，应设置能容纳全部油量的贮油设施。

（4）地下变电站的变压器应设置能贮存最大一台变压器油量的事故贮油池。

（5）电缆从室外进入室内的入口处、电缆竖井的出入口处、电缆接头处、主控制室与电缆夹层之间以及长度超过 100 m 的电缆沟或电缆隧道，均应采取防止电缆火灾蔓延的阻燃或分隔措施。

（6）220 kV 及以上变电站，当电力电缆与控制电缆或通信电缆敷设在同一电缆沟或电缆隧道内时，宜采用防火槽盒或防火隔板进行分隔。地下变电站电缆夹层宜采用低烟无卤阻燃电缆。

（三）消防设施设计

（1）单台容量为 125 MV·A 及以上的油浸变压器、200 MV·A 及以上的油浸电抗器应设置水喷雾灭火系统或其他固定式灭火装置。其他带油电气设备，宜配置干粉灭火器。

（2）地下变电站的油浸变压器、油浸电抗器，宜采用固定式灭火系统。在室外专用贮存场地贮存作为备用的油浸变压器、油浸电抗器，可不设置火灾自动报警系统和固定式灭火系统。

（3）变电站户外配电装置区域（采用水喷雾的油浸变压器、油浸电抗器消火栓除外）可不设消火栓。

（4）下列建筑应设置室内消火栓并配置喷雾水枪：
① 500 kV 及以上的直流换流站的主控制楼。
② 220 kV 及以上的高压配电装置楼（有充油设备）。
③ 220 kV 及以上户内直流开关场（有充油设备），地下变电站。

（5）变电站内下列建筑物可不设室内消火栓：交流变电站的主控制楼，继电器室，高压配电装置楼（无充油设备），阀厅，户内直流开关场（无充油设备），空冷器室，生活、工业消防水泵房，生活污水、雨水泵房，水处理室，占地面积不大于 300 m² 的建筑。

注意：上述建筑仅指变电站中独立设置的建筑物，不包含各功能组合的联合建筑物。

第六节　飞机库防火

飞机库防火消防设计审查应依据《飞机库设计防火规范》（GB 50284—2008）。

一、飞机库分类

（一）Ⅰ类飞机库

飞机停放和维修区内一个防火分区的建筑面积（S）：5000 m² $< S \leqslant$ 50000 m² 的为Ⅰ类飞机库。

该类型飞机库可停放和维修多架大型飞机。

（二）Ⅱ类飞机库

飞机停放和维修区内一个防火分区的建筑面积（S）：3000 m² $< S \leqslant$ 5000 m² 的为Ⅱ类飞机库。

该类型飞机库仅能停放和维修 1~2 架中型飞机。

（三）Ⅲ类飞机库

飞机停放和维修区内一个防火分区的建筑面积（S）：$S \leqslant$ 3000 m² 的为Ⅲ类飞机库。

该类型飞机库只能停放和维修小型飞机。

二、飞机库的建筑防火

（一）总平面布局和平面布局

（1）危险品库房、装有油浸电力变压器的变电所，不应设置在飞机库内或与飞机库贴邻建造。

（2）与贴邻的办公楼、飞机部件喷漆间、飞机座椅维修间、航材库、配电室和动力站等，应用防火墙分隔，防火墙上的门应采用甲级防火门或耐火极限不低于 3.00 h 的防火卷帘。

（3）甲、乙、丙类火灾危险性的使用场所和库房：

① 甲、乙、丙类物品暂存间不应设置在飞机库内。

② 甲、乙、丙类物品暂存量应按不超过一昼夜的生产用量设计。

（二）防火间距

（1）一般情况下，两座相邻飞机库之间的防火间距不应小于 13.0 m。

（2）当两座飞机库其相邻的较高一面的外墙为防火墙时，其防火间距不限；当两座飞机库其相邻的较低一面外墙为防火墙，且较低一座飞机库屋顶结构的耐火极限不低于 1.00 h 时，其防火间距不应小于 7.5 m。飞机库与其他建筑物之间的防火间距不应小于表 4-12 的规定。

表 4-12　飞机库与其他建筑物之间的防火间距　　　　　　　　　　　　　m

名称	喷漆机库	高层航材库	一、二级耐火等级的丙、丁、戊类厂房	甲类物品库房	乙、丙类物品库房	机场油库	其他用建筑	重要公共建筑
飞机库	15.0	13.0	10.0	20.0	14.0	100	25	50

（三）消防车道

飞机库周围应设环形消防车道，Ⅲ类飞机库可沿飞机库的两个长边设置。

消防车道的净宽度不应小于 6.0 m，消防车道边线距飞机库外墙不宜小于 5.0 m，消防车道上空 4.5 m 以下范围内不应有障碍物。

飞机库的长边长度大于 220.0 m 时，应在长边适当位置设消防车出入口。飞机停放和维修区（含整机喷漆工位）的每个防火分区应有消防车出入口。

消防车出入飞机库的门净宽不应小于车宽加 1.0 m，门净高度不应小于车高加 0.5 m，且门的净宽度和净高度均不应小于 4.5 m。

供消防车取水的天然水源地或消防水池处，应设置消防车道和回车场。

（四）防火分区

各类飞机库内飞机停放和维修区的防火分区允许最大建筑面积应符合表 4-13 的规定。

表 4-13　防火分区允许最大建筑面积

类　别	最大建筑面积/m²	机 库 容 量
Ⅰ类飞机库	50000	可停放和维修多架大型飞机
Ⅱ类飞机库	5000	可停放和维修 1~2 架中型飞机
Ⅲ类飞机库	3000	只能停放和维修小型飞机

（五）耐火等级

（1）Ⅰ类飞机库的耐火等级应为一级，Ⅱ、Ⅲ类飞机库的耐火等级不应低于二级，飞机库地下室的耐火等级应为一级。

（2）飞机库飞机停放和维修区屋顶金属承重构件应采取外包敷防火隔热板或喷涂防火隔热涂料等措施进行防火保护，当采用泡沫—水雨淋系统或采用自动喷水灭火系统后，屋顶可采用无防火保护的金属构件。

（六）安全疏散

（1）飞机停放和维修区的每个防火分区至少应有两个直通室外的安全出口，其最远工作地点到安全出口的距离不应大于 75.0 m。

（2）当飞机库大门上设有供人员疏散用的小门时，小门的最小净宽不应小于 0.9 m。飞机停放和维修区内的地下通行地沟应设有不少于两个通向室外的安全出口。

三、飞机库的消防设施

飞机库的消防设施审查要点见表4-14。

表4-14　飞机库的消防设施审查要点

部位		审　查　要　点
消防用电		Ⅰ、Ⅱ类飞机库的消防电源负荷等级应为一级，Ⅲ类飞机库的消防电源负荷等级不应低于二级
消防给水	消防给水	飞机库的消防水源及消防供水系统要满足火灾延续时间内所有泡沫灭火系统、自动喷水灭火系统和室内外消火栓系统同时供水的要求
	消防泵和消防泵房	消防泵房宜采用自带油箱的内燃机，其燃油料储备量不宜小于内燃机4 h的用量，并不大于8 h的用量
灭火设施	Ⅰ类飞机库	（1）采用泡沫—水雨淋系统。 （2）在飞机库屋架内设闭式自动喷水灭火系统，飞机库内较低位置设置的远程消防泡沫炮等低倍数泡沫自动灭火系统和泡沫枪用于扑灭飞机库地面油火
	Ⅱ类飞机库	（1）设置远控消防泡沫炮灭火系统或其他低倍数泡沫自动灭火系统、泡沫枪。 （2）设置高倍数泡沫灭火系统和泡沫枪
	Ⅲ类飞机库	设置泡沫枪为主要灭火设施。 （1）在Ⅲ类飞机库内不应从事输油、焊接、切割和喷漆等作业；否则，宜按Ⅱ类飞机库选择灭火系统。 （2）Ⅲ类飞机库内如停放和维修特殊用途和价值昂贵的飞机，也可按Ⅱ类飞机库选用灭火系统

表 4-14（续）

部位		审 查 要 点
自动报警系统	Ⅰ、Ⅱ、Ⅲ类飞机库均应设置火灾自动报警系统	（1）屋顶承重构件区宜选用感温探测器。 （2）在地上空间宜选用火焰探测器和感烟探测器。在建筑高度大于 20.0 m 的飞机库，可采用吸气式感烟探测器。 （3）在地面以下的地下室和地面以下的通风地沟内有可燃气体聚积的空间、燃气进气间和燃气阀门附近应选用可燃气体探测器

第七节　汽车库、修车库防火

汽车库、修车库防火消防审查应依据《汽车库、修车库、停车场设计防火规范》（GB 50067—2014）。

一、按照停车数量和建筑面积的分类

汽车库、修车库可按照停车数量和建筑面积进行分类，见表 4-15。

表 4-15　汽车库、修车库的分类

名　　称		Ⅰ	Ⅱ	Ⅲ	Ⅳ
汽车库	停车数量/辆	>300	151~300	51~150	≤50
	总建筑面积 S/m^2	$S>10000$	$5000<S≤10000$	$2000<S≤5000$	$S≤2000$
修车库	车位数/个	>15	6~15	3~5	≤2
	总建筑面积 S/m^2	$S>3000$	$1000<S≤3000$	$500<S≤1000$	$S≤500$

二、汽车库、修车库的总平面布局

汽车库、修车库的总平面布局审查要点见表 4-16。

表 4-16　汽车库、修车库的总平面布局审查要点

重点内容	审 查 要 点
汽车库、修车库	（1）不应布置在易燃、可燃液体或可燃气体的生产装置区和储存区内。 （2）汽车库不应与甲、乙类厂房、仓库贴邻或组合建造。 （3）汽车库不应与托儿所、幼儿园、老年人建筑，中小学校的教学楼，病房楼等贴邻或组合建造

表 4-16（续）

重点内容	审查要点
可设置在托儿所、幼儿园、老年人建筑，中小学校的教学楼，病房楼等的地下部分的条件	（1）汽车库与托儿所、幼儿园、老年人建筑，中小学校的教学楼，病房楼等建筑之间，应采用耐火极限不低于 2.00 h 的楼板完全分隔。 （2）汽车库与托儿所、幼儿园、老年人建筑，中小学校的教学楼，病房楼等的安全出口和疏散楼梯应分别独立设置
甲、乙类物品运输车的汽车库、修车库	应为单层建筑，且应独立建造。 当停车数量不大于 3 辆时，可与一、二级耐火等级的Ⅳ类汽车库贴邻，但应采用防火墙隔开
Ⅰ类修车库	Ⅰ类修车库应单独建造。 Ⅱ、Ⅲ、Ⅳ类修车库可设置在一、二级耐火等级建筑的首层或与其贴邻，但不得与甲、乙类厂房、仓库，明火作业的车间，托儿所、幼儿园、中小学校的教学楼、老年人建筑、病房楼及人员密集场所组合建造或贴邻
汽车库内不应设置	（1）地下、半地下汽车库内不应设置修理车位、喷漆间、充电间、乙炔间和甲、乙类物品库房。 （2）汽车库和修车库内不应设置汽油罐、加油机、液化石油气或液化天然气储罐、加气机
燃油或燃气锅炉、油浸变压器等	燃油或燃气锅炉、油浸变压器、充有可燃油的高压电容器和多油开关等不应设置在汽车库、修车库内

三、汽车库、修车库的建筑防火

（一）耐火等级

（1）地下半地下和高层汽车库的耐火等级应为一级。

（2）甲、乙类物品运输车的汽车库、修车库和Ⅰ类的汽车库、修车库，耐火等级应为一级。

（3）Ⅱ、Ⅲ类的汽车库、修车库的耐火等级不应低于二级。

（4）Ⅳ类的汽车库、修车库的耐火等级不应低于三级。

（二）防火间距

汽车库、修车库、停车场之间及汽车库、修车库、停车场与除甲类物品仓库外的其他建筑物之间的防火间距见表 4-17。

表4-17 汽车库、修车库、停车场之间及汽车库、修车库、停车场与除甲类物品仓库外的其他建筑物之间的防火间距 m

名称和耐火等级	汽车库、修车库		厂房、仓库、民用建筑		
	一、二级	三级	一、二级	三级	四级
一、二级汽车库、修车库	10	12	10	12	14
三级汽车库、修车库	12	14	12	14	16

（1）高层汽车库与其他建筑物，汽车库、修车库与高层工业、民用建筑的防火间距应按表4-17的规定值增加3 m。

（2）汽车库、修车库与甲类厂房的防火间距应按表4-17的规定值增加2 m。

（3）甲、乙类物品运输车的汽车库、修车库与民用建筑的防火间距不应小于25 m，与重要公共建筑的防火间距不应小于50 m。与明火或散发火花地点的防火间距不应小于30 m。

（三）防火分区

1. 一般要求

汽车库防火分区最大允许建筑面积见表4-18。

表4-18 汽车库防火分区最大允许建筑面积 m²

耐火等级	单层汽车库	多层汽车库	地下汽车库或高层汽车库
一、二级	3000	2500	2000
三级	1000	不允许	不允许

注意特殊情况：

（1）敞开式、错层式、斜楼板式汽车库的上下连通层面积应叠加计算，每个防火分区的最大允许面积不应大于表4-18规定的2.0倍，如图4-1所示。

（2）室内有车道且有人员停留的机械式汽车库，其防火分区最大允许建筑面积应按以上规定减少35%，如图4-2所示。

（3）汽车库内设有自动灭火系统时，其每个防火分区的最大允许建筑面积不应大于表4-18规定的2.0倍。

2. 甲、乙类物品运输车的汽车库、修车库要求

甲、乙类物品运输车的汽车库、修车库，每个防火分区的最大允许建筑面积不应大于500 m²。

3. 修车库要求

修车库每个防火分区的最大允许建筑面积不应大于2000 m²，当修车部位与

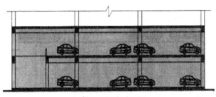

(a) 敞开式汽车库

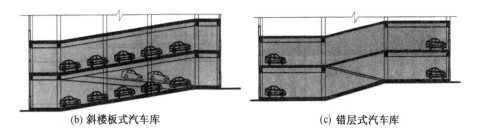

(b) 斜楼板式汽车库　　　　　　　　　　(c) 错层式汽车库

图 4-1　敞开式、错层式、斜楼板式汽车库

室内有车道且有人员停留的机械式汽车库，其防火分

区最大允许建筑面积应按表4-18的规定减少 35%

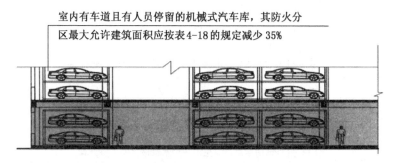

图 4-2　室内有车道且有人员停留的机械式汽车库

相邻使用有机溶剂和喷漆工段采用防火墙分隔时，每个防火分区的最大允许建筑面积不应大于 4000 m²。

（四）安全疏散

汽车库、修车库的人员安全出口和汽车疏散出口应分开设置。设在工业与民用建筑内的汽车库，其车辆疏散出口应与其他部分的人员安全出口分开设置。

1. 人员安全出口

（1）除室内无车道且无人员停留的机械式汽车库外，汽车库、修车库内每个防火分区的人员安全出口不应少于 2 个，Ⅳ类汽车库和Ⅲ、Ⅳ类的修车库可设置 1 个。

（2）室内无车道且无人员停留的机械式汽车库可不设置人员安全出口，但应按有关规定设置供灭火救援用的楼梯间，且设汽车库检修通道，其净宽不应小于 0.9 m。

2. 汽车疏散出口

（1）汽车疏散出口总数不应少于 2 个，且应分散布置。

（2）汽车库、修车库的汽车疏散出口的可设置 1 个的条件：

① Ⅳ 类汽车库。

② 设置双车道汽车疏散出口的 Ⅲ 类地上汽车库。

③ 设置双车道汽车疏散出口、停车数量小于或等于 100 辆且建筑面积小于 4000 m² 的地下或半地下汽车库。

④ Ⅱ、Ⅲ、Ⅳ 类修车库。

其他详见《汽车库、修车库停车场设计防火规范》（GB 50067—2014）6.0.1~6.0.14。

四、汽车库、修车库的消防设施

汽车库、修车库的消防设施审查要点见表 4-19。

表 4-19 汽车库、修车库的消防设施审查要点

重点内容		审 查 要 点
消防给水		汽车库、修车库应设置消防给水系统，耐火等级为一、二级的 Ⅳ 类修车库和停放车辆不大于 5 辆的一、二级耐火等级的汽车库可不设消防给水系统
消火栓系统	室外消火栓	（1）室外消防用水量应按消防用水量最大的一座计算。 （2）Ⅰ、Ⅱ 类汽车库、修车库的室外消防用水量不应小于 20 L/s；Ⅲ 类不应小于 15 L/s；Ⅳ 类不应小于 10 L/s
	室内消火栓	（1）汽车库、修车库应设室内消火栓给水系统。 （2）Ⅰ、Ⅱ、Ⅲ 类汽车库及 Ⅰ、Ⅱ 类修车库的用水量不应小于 10 L/s，系统管道内的压力应保证相邻两个消火栓的水枪充实水柱同时到达室内任何部位；Ⅳ 类汽车库及 Ⅲ、Ⅳ 类修车库的用水量不应小于 5 L/s
自动喷水灭火系统		（1）除敞开式汽车库外，Ⅰ、Ⅱ、Ⅲ 类地上汽车库，停车数大于 10 辆的地下、半地下汽车库、机械式汽车库，采用汽车专用升降机作汽车疏散出口的汽车库，Ⅰ 类修车库，均要设置自动喷水灭火系统。 （2）环境温度低于 4 ℃ 时间较短的非严寒或非寒冷地区，可采用湿式自动喷水灭火系统，但应采取防冻措施

表4-19（续）

重点内容	审查要点
火灾自动报警系统	除敞开式汽车库外，Ⅰ类汽车库、修车库，Ⅱ类地下、半地下汽车库、修车库，Ⅱ类高层汽车库、修车库，机械式汽车库，以及采用汽车专用升降机作汽车疏散出口的汽车库应设置火灾自动报警系统
防排烟	（1）除敞开式汽车库、建筑面积小于 1000 m² 的地下一层汽车库和修车库外，汽车库、修车库应设置排烟系统，并应划分防烟分区，防烟分区的建筑面积不宜超过 2000 m²。 （2）机械排烟系统可与人防、卫生等排气、通风系统合用。排烟风机可采用离心风机或排烟轴流风机，并应保证 280 ℃时能连续工作 30 min

第八节　人民防空工程防火

人防工程防火设计审查应依据：

（1）《人民防空工程设计防火规范》（GB 50098—2009），该标准简称为《人防》。

（2）《人民防空工程设计规范》（GB 50225—2005）。

（3）《人民防空地下室设计规范》（GB 50038—2005）。

（4）《建筑内部装修设计防火规范》（GB 50222—2017）。

设置在人防工程内的汽车库、修车库，其防火设计应按《汽车库、修车库、停车场设计防火规范》（GB 50067—2014）的有关规定执行。

一、总平面布局和平面布置

人防工程内建筑总平面布局和平面布置的审查要点见表4-20。

表4-20　人防工程内建筑总平面布局和平面布置的审查要点

重点内容	审查要点
不得设置的场所	（1）不得使用和储存液化石油气、相对密度（与空气密度比值）大于或等于 0.75 的可燃气体和闪点小于 60 ℃的液体燃料。 （2）不得设置油浸电力变压器和其他油浸电气设备。 （3）不应设置哺乳室、托儿所、幼儿园、游乐厅等儿童活动场所和残疾人员活动场所。 （4）不应经营和储存火灾危险性为甲、乙类储存物品属性的商品

表 4-20（续）

重点内容	审 查 要 点
医院病房	不应设置在地下二层及以下层，当设置在地下一层时，室内地面与室外出入口地坪高差不应大于 10 m
歌舞娱乐放映游艺场所	不应设置在人防工程内地下二层及以下层；当设置在地下一层时，室内地面与室外出入口地坪高差不应大于 10 m
营业厅	不应设置在地下三层及三层以下；当地下商店总建筑面积大于 20000 m² 时，应采用防火墙进行分隔，且防火墙上不得开设门、窗、洞口，相邻区域确需局部连通时，应采取可靠的防火分隔措施
内设有旅店、病房、员工宿舍	不得设置在地下二层及以下层，并应划分为独立的防火分区，其疏散楼梯不得与其他防火分区的疏散楼梯共用

二、防火分区面积大小（《人防》4.1.2~4.1.4）

（1）一般防火分区面积：一般来说，人防工程每个防火分区的允许最大建筑面积，除另有规定者外，不应大于 500 m²；当设置有自动灭火系统时，允许最大建筑面积可增加 1 倍；局部设置时，增加的面积可按该局部面积的 1 倍计算。

（2）丙、丁、戊类物品库房防火分区建筑面积：人防工程内丙、丁、戊类物品库房的防火分区允许最大建筑面积应符合表 4-21 的规定。当设置有火灾自动报警系统和自动灭火系统时，允许最大建筑面积可增加 1 倍；局部设置时，增加的面积可按该局部面积的 1 倍计算。

表 4-21　人防工程内丙、丁、戊类物品库房的防火分区允许最大建筑面积　　m²

储存物品类别		防火分区最大允许建筑面积
丙	闪点≥60 ℃的可燃液体	150
	可燃固体	300
丁		500
戊		1000

（3）人防工程内商业营业厅、展览厅、电影院和礼堂的观众厅、溜冰馆、游泳馆、射击馆、保龄球馆等防火分区建筑面积：

① 设置有火灾自动报警系统和自动灭火系统的商业营业厅、展览厅等，当采用 A 级装修材料装修时，防火分区允许最大建筑面积不应大于 2000 m²。

② 电影院、礼堂的观众厅，其防火分区允许最大建筑面积不应大于 1000 m²。当设置有火灾自动报警系统和自动灭火系统时，其允许最大建筑面积也不得增加。

③ 溜冰馆的冰场、游泳馆的游泳池、射击馆的靶道区、保龄球馆的球道区等，其面积可不计入溜冰馆、游泳馆、射击馆、保龄球馆的防火分区面积内。溜冰馆的冰场、游泳馆的游泳池、射击馆的靶道区等，其装修材料应采用 A 级。

三、疏散楼梯间的设置（《人防》5.1.6、5.2）

设有下列公共活动场所的人防工程，当底层室内地面与室外出入口地坪高差大于 10 m 时，应设置防烟楼梯间；当地下为两层，且地下第二层的室内地面与室外出入口地坪高差不大于 10 m 时，应设置封闭楼梯间。

（1）电影院、礼堂。

（2）建筑面积大于 500 m² 的医院、旅馆。

（3）建筑面积大于 1000 m² 的商场、餐厅、展览厅、公共娱乐场所（礼堂、多功能厅、歌舞娱乐放映游艺场所等）、健身体育场所（溜冰馆、游泳馆、体育馆、保龄球馆、射击馆等）等。

人防工程安全出口、疏散楼梯和疏散走道的最小净宽应符合表 4-22 的规定。

表 4-22　人防工程安全出口、疏散楼梯和疏散走道的最小净宽　　　　　m

工程名称	安全出口和疏散楼梯净宽	疏散走道净宽	
		单面布置房间	双面布置房间
商场、公共娱乐场所、健身体育场所	1.4	1.5	1.6
医院	1.3	1.4	1.5
旅馆、餐厅	1.1	1.2	1.3
车间	1.1	1.2	1.5
其他民用工程	1.1	1.2	—

四、人防工程内安全出口设置要求（《人防》5.1.1~5.1.5）

（1）人防工程每个防火分区的安全出口数量不应少于 2 个。

（2）人防工程有 2 个或 2 个以上防火分区相邻，且将相邻防火分区之间防火墙上设置的防火门作为安全出口时，防火分区安全出口应符合下列规定：

① 防火分区建筑面积大于 1000 m^2 的商业营业厅、展览厅等场所，设置通向室外、直通室外的疏散楼梯间或避难走道的安全出口个数不得少于 2 个。

② 防火分区建筑面积不大于 1000 m^2 的商业营业厅、展览厅等场所，设置通向室外、直通室外的疏散楼梯间或避难走道的安全出口个数不得少于 1 个。

③ 在一个防火分区内，设置通向室外、直通室外的疏散楼梯间或避难走道的安全出口宽度之和，不宜小于《人防》5.1.6 规定的安全出口总宽度的 70%。

（3）建筑面积不大于 500 m^2，且室内地面与室外出入口地坪高差不大于 10 m，容纳人数不大于 30 人的防火分区，当设置有仅用于采光或进风用的竖井，且竖井内有金属梯直通地面、防火分区通向竖井处设置有不低于乙级的常闭防火门时，可只设置 1 个通向室外、直通室外的疏散楼梯间或避难走道的安全出口；也可设置 1 个与相邻防火分区相通的防火门。

（4）建筑面积不大于 200 m^2，且经常停留人数不超过 3 人的防火分区，可只设置 1 个通向相邻防火分区的防火门。房间建筑面积不大于 50 m^2，且经常停留人数不超过 15 人时，可设置 1 个疏散出口。

五、人防工程内消防设施

人防工程内消防设施设置审查要点见表 4-23。

表 4-23　人防工程内消防设施设置范围审查要点

消防设施	审　查　要　点	对应规范条目
室内消火栓系统	（1）建筑面积大于 300 m^2 的人防工程。 （2）电影院、礼堂、消防电梯间前室和避难走道	《人防》7.2.1
自动喷水灭火系统	（1）除丁、戊类物品库房和自行车库外，建筑面积大于 500 m^2 的丙类库房和其他建筑面积大于 1000 m^2 的人防工程。 （2）大于 800 个座位的电影院和礼堂的观众厅，且吊顶下表面至观众席室内地面高度不大于 8 m 时；舞台使用面积大于 200 m^2 时；观众厅与舞台之间的台口宜设置防火幕或水幕分隔。 （3）歌舞娱乐放映游艺场所。 （4）建筑面积大于 500 m^2 的地下商店和展览厅。 （5）燃油或燃气锅炉房和装机总容量大于 300 kW 的柴油发电机房	《人防》7.2.2、7.2.3，有困难时，也可设置局部应用系统
消防供电	（1）建筑面积 A > 5000 m^2 按照一级负荷供电。 （2）建筑面积 A ≤ 5000 m^2 按照二级负荷供电。 （3）蓄电池备用电源的连续供电时间≥30 mim	《人防》8.1.1

表 4-23（续）

消防设施	审　查　要　点	对应规范条目
火灾自动报警系统	（1）建筑面积 $A > 500 \text{ m}^2$ 的地下商店、展览厅和健身体育场所。 （2）建筑面积 $A > 1000 \text{ m}^2$ 的丙、丁类生产车间和丙、丁类物品库房。 （3）重要的通信机房和电子计算机机房，柴油发电机房和变配电室，重要的实验室和图书、资料、档案库房。 （4）歌舞娱乐放映游艺场所等	《人防》8.4.1
防烟和排烟	（1）防烟。人防工程的防烟楼梯间及其前室或合用前室、避难走道的前室应设置机械加压送风防烟设施。丙、丁、戊类物品库房宜采用密闭防烟措施。 （2）排烟。人防工程中总建筑面积大于 200 m² 的人防工程；建筑面积大于 50 m²，且经常有人停留或可燃物较多的房间；丙、丁类生产车间；长度大于 20 m 的疏散走道；歌舞娱乐放映游艺场所；中庭等应设置排烟设施	《人防》6.1.1、6.1.2

六、难点剖析

（1）人防工程防火分区划分要点与其他建筑不同之处：

① 防火分区应在各安全出口处的防火门范围内划分。

② 与柴油发电机房或锅炉房配套的水泵间、风机房、储油间等，应与柴油发电机房或锅炉房一起划分为一个防火分区。

③ 防火分区的划分宜与防护单元相结合。

（2）人防工程的下列部位应采用甲级防火门：

① 消防控制室、消防水泵房、排烟机房、灭火剂储瓶室、变配电室、通信机房、通风和空调机房、可燃物存放量平均值超过 30 kg/m² 火灾荷载密度的房间等，应采用耐火极限不低于 2.00 h 的隔墙和 1.50 h 的楼板与其他场所隔开，墙上如设门应设置常闭的甲级防火门。

② 柴油发电机房的储油间，墙上应设置常闭的甲级防火门，并应设置高 150 mm 的不燃烧、不渗漏的门槛，地面不得设置地漏。

第五章　建设工程消防设计审查规则

建设工程消防设计审查应依据《建设工程消防设计审查规则》（GA 1290—2016）。

本标准的第 4~6 章为强制性的，其余为推荐性的。

建设工程消防设计审查是法律赋予公安机关消防机构的一项重要职责，是防止形成先天性火灾隐患，确保建设工程消防安全的重要措施。

为规范建设工程消防设计审查行为，保障审查工作质量，依据现行消防法律法规和国家工程建设消防技术标准，制定本标准。

一、基本术语

（一）建设工程消防设计审查（examination of building fire safety design）

主要包括建设工程消防设计审核和建设工程消防设计备案检查，也可包括消防设计单位自审查、施工图审查机构对施工图消防设计文件的技术审查。

（二）资料审查（examination of document）

依据消防法律法规，对建设单位的申报材料是否齐全并符合法定形式的检查。

（三）消防设计文件审查（examination of fire safety design document）

依据消防法律法规和国家工程建设消防技术标准，对建设单位申报的建设工程消防设计文件是否符合标准要求的检查。

（四）建设工程消防设计备案检查（inspection of building fire safety design filed for record）

依据消防法律法规和国家工程建设消防技术标准，对经备案抽查确定为检查对象的建设工程的相关资料和消防设计文件，进行审查、评定并作出检查意见的过程。

（五）综合评定（comprehensive assessment）

综合考虑资料审查和消防设计文件审查情况，作出建设工程消防设计审核和备案检查结论。

二、一般要求

（1）建设工程消防设计审查应依照消防法律法规和国家工程建设消防技术标准实施。依法需要专家评审的特殊建设工程，对三分之二以上专家同意的特殊消防设计文件可以作为审查依据。

（2）建设工程消防设计审查应按照先资料审查、后消防设计文件审查的程序进行，资料审查合格后，方可进行消防设计文件审查。

（3）公安机关消防机构依法进行的建设工程消防设计审查一般包括建设工程消防设计审核和建设工程消防设计备案检查。建设工程消防设计审核应进行技术复核；备案检查不进行技术复核，但发现不合格的应按有关规定进行备案复查。

（4）建设工程消防设计审查应给出消防设计审查是否合格的结论性意见。其中，建设工程消防设计审核的结论性意见应由技术复核人员签署复核意见。

（5）建设工程消防设计审查应按《建设工程消防设计审查规则》（GA 1290—2016）附录A给出的记录表如实记录审查情况；表中未涵盖的其他消防设计内容，可按《建设工程消防设计审查规则》（GA 1290—2016）附录A给出的格式续表。

三、审查内容

（一）资料审查

资料审查的材料包括：

（1）建设工程消防设计审核申报表/建设工程消防设计备案申报表。

（2）建设单位的工商营业执照等合法身份证明文件。

（3）消防设计文件。

（4）专家评审的相关材料。

（5）依法需要提供的规划许可证明文件或城乡规划主管部门批准的临时性建筑证明文件。

（6）施工许可文件（备案项目）。

（7）依法需要提供的施工图审查机构出具的审查合格文件（备案项目）。

（二）消防设计文件审查

消防设计文件审查应根据工程实际情况，按《建设工程消防设计审查规则》（GA 1290—2016）附录B进行，主要内容包括：

（1）建筑类别和耐火等级。

（2）总平面布局和平面布置。

217

（3）建筑防火构造。

（4）安全疏散设施。

（5）灭火救援设施。

（6）消防给水和消防设施。

（7）供暖、通风和空气调节系统防火。

（8）消防用电及电气防火。

（9）建筑防爆。

（10）建筑装修和保温防火。

（三）技术复核

技术复核的主要内容包括：

（1）设计依据及国家工程建设消防技术标准的运用是否准确。

（2）消防设计审查的内容是否全面。

（3）建设工程消防设计存在的具体问题及其解决方案的技术依据是否准确、充分。

（4）结论性意见是否正确。

四、结果判定

（一）资料审查判定

符合下列条件的，判定为合格；不符合其中任意一项的，判定为不合格：

（1）申请资料齐全、完整并符合规定形式。

（2）消防设计文件编制符合申报要求。

（二）消防设计文件审查判定

1. 消防设计文件审查内容分类

根据对建设工程消防安全的影响程度，消防设计文件审查内容分为 A、B、C 三类：

（1）A 类为国家工程建设消防技术标准强制性条文规定的内容。

（2）B 类为国家工程建设消防技术标准中带有"严禁""必须""应""不应""不得"要求的非强制性条文规定的内容。

（3）C 类为国家工程建设消防技术标准中其他非强制性条文规定的内容。

需要指出的是：强制性条文与非强制性条文详见《建规》等相关消防技术标准的条文说明。

2. 消防设计文件审查判定规则

消防设计文件审查判定按照下列规则：

（1）任一 A 类、B 类内容不符合标准要求的，判定为不合格。

（2）C 类内容不符合标准要求的，可判定为合格，但应在消防设计审查意见中注明并明确由设计单位进行修改。

（三）综合评定

符合下列条件的，应综合评定为消防设计审查合格；不符合其中任意一项的，应综合判定为消防设计审查不合格：

（1）资料审查为合格。

（2）消防设计文件审查为合格。

五、档案管理

（1）建设工程消防设计审查的档案应包含资料审查、消防设计文件审查、综合评定等所有资料。

（2）建设工程消防设计审查档案内容较多时可立分册并集中存放，其中图纸可用电子档案的形式保存。

（3）建设工程消防设计审查的原始技术资料应长期保存。

六、建设工程消防设计审查记录表式样

《建设工程消防设计审查规则》（GA 1290—2016）给出了每项审查要点（见该标准附录 A）以及样表：

（1）建设工程消防设计审查记录表式样。

（2）建设工程消防设计审查具体情况记录表式样。

第六章 特殊消防工程设计审查

"特殊消防工程设计"主要是指以"性能"为基础的"性能化防火设计"。

美国、英国、日本、澳大利亚等国从 20 世纪 70 年代起就开展了性能化防火设计的相关研究，如火灾增长分析、烟气运动分析、人员安全疏散分析、建筑结构耐火分析和火灾风险评估等，并取得了一些比较实用的成果，各国纷纷制定了性能化防火设计规范和指南等文件。

第一节 建筑"性能化"防火设计概述

一、性能化防火设计的定义

所谓"性能化"防火设计，是指根据建设工程的使用功能和消防安全要求，运用消防安全工程学原理，采用先进适用的计算分析工具和方法，为建设工程消防设计提供设计参数、方案，或对建设工程消防设计方案进行综合分析评估，完成相关技术文件的工作过程。

火灾科学与消防工程是一门以火灾发生与发展规律和火灾预防与扑救技术为研究对象的新兴综合性学科，是综合反映火灾防治科学技术的知识体系。

消防工程是反映应用科学与工程原理防治火灾的知识，如对火灾危险性和危害性的分析评估、火灾模化、建筑防火技术、火灾探测报警技术、自动灭火技术、阻燃与耐火技术、火灾原因鉴定技术、火场通信指挥技术，以及人在火灾中的行为和反应，包括体能、心理和生理等，是消防的应用基础理论和应用技术部分。性能化防火设计是建立在火灾科学和消防工程学基础之上的一门应用技术，它的出现是火灾科学和消防工程学发展到一定阶段的必然结果。

二、"性能化"防火设计与传统的防火规范做法对比

（一）传统防火设计方法的不足

传统的防火设计就是基于"处方式"规范的设计方法，也叫"处方式"设计。虽然为社会的发展和进步作出了巨大的贡献，但从社会进步的角度看，也存

在着一些不足之处：

（1）传统规范无法给出一个统一、清晰的整体安全度水准。

（2）传统防火规范是以前经验及科研技术的总结，难以跟上新技术、新工艺和新材料的发展。

（3）传统规范限制了设计人员主观创造力的发展。

（4）传统规范无法充分体现人的因素对整体安全度的影响。

总之，传统的规范对设计过程的各个方面作了具体规定，但难以定量确定设计方案所能达到的安全水平。

（二）性能化的防火设计方法优势

与传统的防火设计规范相对比，性能化的防火设计规范具有以下特点：

（1）加速技术革新。在"性能化"的规范的体系中，对设计方案不作具体规定，只要能够达到性能目标，任何方法都可以使用，这样就加快了新技术在实际设计中的应用，不必考虑应用新设计方法可能导致与规范的冲突。性能化的规范给防火领域的新思想、新技术提供了广阔的应用空间。

（2）提高设计的经济性。"性能化"设计的灵活性和技术的多样化给设计人员提供更多的选择，在保证安全性能的前提下，通过设计方案的选择可以采用投入效益比更优化的系统。

（3）加强设计人员的责任感。"性能化"设计以系统的实际工作效果为目标，要求设计人员通盘考虑系统的各个环节，减小对规范的依赖，不能以规范规定不足为理由忽视一些重要因素。这对于提高建筑防火系统的可靠性和提高设计人员技术水平都是很重要的。

（三）性能化方法存在的问题

由于性能化设计是一种新的设计方法，工程应用范围并不广泛，许多设计案例尚缺乏火灾实例验证。目前使用的性能化方法还存在以下一些技术问题：

（1）性能评判标准尚未得到一致认可。

（2）设计火灾的选择过程存在不确定性。

（3）对火灾中人员的行为假设的成分过多。

（4）预测性火灾模型中存在未得到很好证明或者没有被广泛理解的局限性。

三、"性能化"防火设计主要内容

（一）确定设计火灾场景

火灾场景的特征必须包括对火灾引燃、增长和熄灭的描述，同时伴随烟和火蔓延的可能途径以及任何灭火设施的作用。此外，还要考虑每一个火灾场景的可能后果。

（二）不同类型建筑火灾荷载密度确定

火灾荷载密度是可以较准确地衡量建筑物室内所容纳可燃物数量的一个参数，是研究火灾全面发展阶段性状的基本要素。在建筑物发生火灾时，火灾荷载密度直接决定着火灾持续时间的长短和室内温度的变化情况。

（三）烟气运动的分析方法

在一定的建筑空间和火灾规模条件下，烟气的生成量主要取决于羽流的质量流量，它是进行火灾模拟、火灾及烟气发展评价和防烟和排烟设计的基础。

（四）建筑安全性能分析

目前，"性能化"防火设计主要用于：人员安全疏散及建筑结构设计。

人员安全疏散设计与评估必须考虑我国的实际情况和分析影响疏散时间的主要因素，根据建筑物的内部特征、使用人员特性和建筑物内消防设施情况等对疏散时间进行模拟计算方法，并在预测计算的基础上与现行国家标准的规定进行比较，最后确定合理的人员疏散时间。

火灾中，建筑结构的安全性是人员疏散、灭火救援的前提和基础。对建筑结构进行评估主要考虑火灾发展蔓延的规律、火场最高温度以及高温下结构强度的变化等。

（五）火灾风险评估

火灾风险评估的主要目标是准确辨识系统中存在的火灾危险因素，对这些因素的影响程度作出恰当的评价，并在此基础上对火灾的发生和发展过程及其危害作出预测，制定控制与处理事故的措施和方案。

风险评估对火灾危害的概率和危害后果进行量化、确定危害控制方案，从而选择最佳设计方案。

（六）性能化设计与评估中所用方法的有效性分析

不同设计者之间的知识和经验水平有很大差别，应注意对所用分析方法的准确性和有效性进行科学的分析和验证。

四、"性能化"防火设计步骤

"性能化"防火设计过程可分为若干个步骤，各步骤相互联系，最终形成一个整体。其主要步骤包括：

（1）确定工程范围。

（2）确定总体目标。

（3）确定设计目标。

（4）建立性能判定标准。

（5）建立设定火灾场景。

（6）建立试设计。

（7）评估试设计及性能指标判定。

（8）确定最终设计方案。

（9）完成报告，编写设计文件。

建筑消防性能化设计的基本步骤如图 6-1 所示。

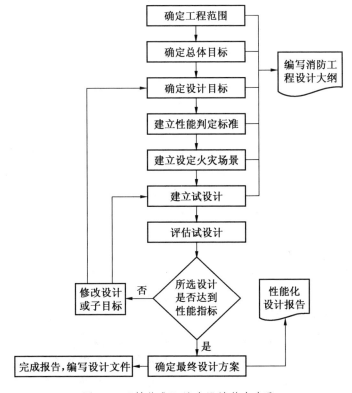

图 6-1　"性能化"防火设计基本步骤

（一）确定工程范围

性能化设计的第一步就是要确定工程的范围及相关的参数。首先要了解工程各方面的信息，如建筑的特征、使用功能等。对特殊的建筑，如大空间（中庭等），或者人员密集的商场、礼堂和运动场等要格外关注。对建筑的工艺特征也要进行专门的研讨。

（二）确定总体目标

在消防安全设计中，消防安全总体目标是一个范围比较广泛的概念，它表示社会所期望的安全水平。概括地说，消防安全应达到的总体目标是：保护生命、保护财产、保护使用功能、保护环境不受火灾的有害影响。

功能目标是设计总体目标的基础，它把总体目标提炼为能够用工程语言进行量化的数值。概括地说，它们指出一个建筑如何才能达到上述的社会所期望的安全目标。功能目标通常可用计量的术语加以表征。为了实现这些目标，一旦明确了功能目标或损失目标，人们就必须有一个确定建筑及其系统发挥作用的性能水平的方法。这项工作是通过性能要求完成的。

性能要求是性能水平的表述。建筑材料、建筑构件、系统、组件以及建筑方法等必须满足性能水平的要求，从而达到消防安全的总体目标和功能目标。在设计时，不仅要能够量化这些参数，还应对其进行计量和计算。

（三）确定设计目标

设计目标是指为满足性能要求所采用的具体方法和手段。因此，允许采用两种方法来满足性能要求。这两种方法可以独立使用，也可以联合使用。

（1）视为合格的规定。包括如何采用材料、构件、设计因素和设计方法的示例，如果采用了，其结果就满足性能要求。

（2）替代方案。如果可以证明某设计方案能够达到相关的性能要求，或者与视为合格的规定等效，那么对于与上述"视为合格的规定"不同的设计方案，仍可以被批准为合格。

（四）建立设定火灾场景

火灾场景是对某特定火灾从引燃或者从设定的燃烧到火灾增长到最高峰以及火灾所造成的破坏的描述。火灾场景的建立应包括概率因素和确定性因素，也就是说，此种火灾发生的可能性有多大，如果火灾真的发生了，它是如何发展和蔓延的。在建立火灾场景时，应主要考虑以下因素：建筑的平面布局，火灾荷载及分布状态，火灾可能发生的位置，室内人员的分布与状态，火灾可能发生时的环境因素等。

设计火灾是对某一特定火灾场景的工程描述，可以用一些参数，如热释放速率、火灾增长速率、物质分解物、物质分解率等，或者其他与火灾有关的可以计量或计算的参数来表现其特征。

（五）建立试设计并进行评估

评估过程是一个不断反复的过程。在此过程中，许多消防安全措施的评估都是依据设计火灾曲线和设计目标进行的。

设计目标是一个指标。其实质是性能指标（如起火房间内轰燃的发生）能够容忍的最大火灾尺寸，这可以用最大热释放速率来描述其特征。例如，为了达到防止轰燃发生的目标，一种替代方法是使用自动喷水灭火系统。为了保证其有效性，自动喷水灭火系统必须在起火房间到达轰燃阶段以前启动并控制火灾的增长。

试设计完成后即可选定最终设计方案。

（六）完成报告，编写设计文件

分析和设计报告是性能化设计能否被批准的关键因素。该报告需要概括分析和设计过程中的全部步骤，并且报告分析和设计结果所提出的格式和方式都要符合权威机构和客户的要求。该报告包括：

（1）工程的基本信息。

（2）分析或设计目标。包括制定此目标的理由。

（3）设计方法（基本原理）陈述。包括所采用的方法，为什么采用，作出了什么假设，采用了什么工具和理念。

（4）性能评估指标。

（5）火灾场景的选择和设计火灾。

（6）设计方案的描述。

（7）消防安全管理。

（8）参考的资料、数据。

五、"性能化"设计的适应范围

（一）可进行"性能化"设计范围

具有下列情形之一的工程项目，可对其全部或部分进行消防性能化设计：

（1）超出现行国家消防技术标准适用范围的。

（2）按照现行国家消防技术标准进行防火分隔、防烟和排烟、安全疏散、建筑构件耐火等设计时，难以满足工程项目特殊使用功能的。

（二）不应采用"性能化"设计方法范围

下列情况不应采用性能化设计评估方法：

（1）国家法律法规和现行国家消防技术标准强制性条文规定的。

（2）国家现行消防技术标准已有明确规定，且无特殊使用功能的建筑。

（3）居住建筑。

（4）医疗建筑、教学建筑、幼儿园、托儿所、老年人建筑、歌舞娱乐游艺场所。

（5）室内净高小于 8.0 m 的丙、丁、戊类厂房和丙、丁、戊类仓库。

（6）甲、乙类厂房，甲、乙类仓库，可燃液体、气体储存设施及其他易燃易爆工程或场所。

综上所述，如果在我国现行防火设计规范的框架下难以解决，而又允许采用消防性能化设计方法的项目，可以采用该方法，但必须确保建筑能够达到可以接受的消防安全水平。

六、火灾场景的设定

火灾场景是对一次火灾整个发展过程的定性描述，该描述确定了反映该次火灾特征并区别于其他可能火灾的关键事件。火灾场景通常要定义引燃、火灾增长阶段、完全发展阶段、衰退阶段以及影响火灾发展过程的各种消防措施和环境条件。

（一）火灾场景确定的原则

火灾场景的确定应根据最不利的原则确定，选择火灾风险较大的火灾场景作为设定火灾场景。如火灾发生在疏散出口附近并导致该疏散出口不可利用、自动灭火系统或排烟系统由于某种原因而失效等。

火灾风险较大的火灾场景一般为最有可能发生，但其火灾危害不一定最大；或者火灾危害大，但发生的可能性较小的火灾场景。

火灾场景须能描述火灾引燃、增长和受控火灾的特征以及烟气和火势蔓延的可能途径、设置在建筑室内外的所有灭火设施的作用、每一个火灾场景的可能后果。

（二）确定火灾场景的方法

确定火灾场景可采用下述方法：故障类型和影响分析、故障分析、What-if分析、相关统计数据、工程核查表、危害指数、危害和操作性研究、初步危害分析、故障树分析、事件树分析、原因后果分析和可靠性分析等。

（三）火灾场景设计

1. 火灾危险源辨识

设计火灾场景时，首先应进行火灾危险源的辨识。分析建筑物里可能面临的火灾风险主要来自哪些方面。分析可燃物的种类、火灾荷载的密度、可燃物的燃烧特征等。火灾危险源识别是开展火灾场景设计的基础环节，只有充分、全面地把握建筑物所面临的火灾风险的来源，才能完整、准确地对各类火灾风险进行分析、评判，通过采取有针对性的消防设计措施，确保将火灾风险控制在可接受的范围之内。

2. 火灾增长的 t^2 模型

大量实验表明，多数火灾从点燃到发展再到充分燃烧阶段，火灾中的热释放速率大体按照时间的平方的关系增长，在实际设计中人们常采用这一种称为"t平方火"的火灾增长模型。

"t平方火"的增长规律可用下式来描述：

$$Q = \alpha t^2 \tag{6-1}$$

式中　Q——热释放速率，kW；

　　　α——火灾增长系数，kW/s²；

　　　t——时间，s。

"t平方火"的增长速度一般分为慢速、中速、快速、超快速四种类型，如图 6-2 所示，其火灾增长系数见表 6-1。

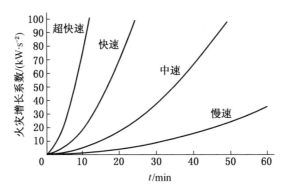

图 6-2　四种"t平方火"增长曲线

表 6-1　"t平方火"的火灾增长系数

增长类型	火灾增长系数/(kW·s⁻²)	达到 1 MW 的时间/s	典型可燃材料
超快速	0.1876	75	油池火、易燃的装饰家具、轻质的窗帘
快速	0.0469	150	装满东西的邮袋、塑料泡沫、叠放的木架
中速	0.01172	300	棉与聚酯纤维弹簧床垫、木制办公桌
慢速	0.00293	600	厚熏的木制品

实际火灾中，热释放速率的变化是一个非常复杂的过程，上述设计的火灾增长曲线只是与实际火灾相似，为了使得设计的火灾曲线能够反映实际火灾的特性，应作适当的保守考虑，如选择较快的增长速度或较大的热释放速率等。

（四）火灾模拟软件的选取

火灾数值模拟是火灾研究的重要内容之一，但由于火灾现象的复杂性，近几十年来才建立起描述火灾现象的实用数学模型。火灾模型主要分为确定性模型和随机性模型。

火灾数值模型主要有专家系统（expert system）、区域模型（zone model）、场模型（field model）、网络模型（network model）和混合模型（hybrid model）。

场模型也即 CFD（计算流体动力学）模型，主要是指利用计算流体动力学技术对火灾进行模拟的模型，由于 CFD 模型可以得到比较详细的物理量时空分布，能精细地体现火灾现象，加之高速、大容量计算机的发展，使得 CFD 模型得到了越来越广泛的应用。

目前，用于火灾模拟的 CFD 模型主要有 FDS、PHOENICS、FLUENT 等。FDS 是专门针对火灾模拟而开发的 CFD 软件，简单易用。因此它在火灾模拟中的应用最为广泛。而 PHOENICS 和 FLUENT 是计算流体力学的通用软件，将其用于火灾模拟需要有较强的流体力学背景，因此应用较少。目前，国内外对 FDS 的研究比较多，而对于 PHOENICS 和 FLUENT 在火灾模拟方面的应用研究较少，对各个软件的对比研究则更少。

在火灾模拟中，怎样才能使模拟结果更加准确、可信是一个亟需解决的问题。验证与确认是评价数值解精度和可信度的主要手段。

第二节　"性能化"防火设计判定标准

一、人员安全疏散性能化设计与评估

（一）影响人员安全疏散的因素

影响人员安全疏散的因素有很多，主要包括人员内在影响因素、外在环境影响因素、环境变化影响因素、救援和应急组织影响因素、安全管理因素 5 个方面，详见表 6-2。

表 6-2　影响人员安全疏散的因素

影响因素	包含内容	细　分　内　容
人员内在影响因素	心理因素	包括自信心、耐心、反应时间、信息感知能力
	生理因素	包括性别、年龄、高度和体重，移动能力和速度，敏捷性，肺活量大小（与动作类型有关）

表 6-2（续）

影响因素	包含内容	细 分 内 容
人员内在影响因素	现场状态因素	包括清醒状态、睡眠状态、人员对周围环境的熟悉程度等
	社会关系因素	即使是在紧急情况下，人们的社会关系因素仍然会对疏散产生一定影响。例如：火灾时，人们往往会首先想到通知、寻找自己的亲友；对于处在特殊岗位的人员，如核电站操作员，会首先想到自身的责任等
外在环境影响因素	建筑物的空间几何形状、建筑功能布局以及建筑内具备的防火条件等因素	
环境变化影响因素	火灾时现场环境条件势必要发生变化，从而对人员疏散造成影响	
救援和应急组织影响因素	火灾时自救和外部救援和组织能力也会对安全疏散产生影响	
安全管理因素	建筑的管理、关键设备（如火灾自动报警、灭火设备等）的管理与维护、建筑内人员的管理与培训、防火管理、火灾监督及安全、应急计划步骤等	

（二）人员疏散时间的构成

疏散时间（REST）包括疏散开始时间（t_{start}）和疏散行动时间（t_{trav}）两部分。疏散时间的预测公式为

$$t_{REST} = t_{start} + t_{trav} \tag{6-1}$$

1. 疏散开始时间（t_{start}）

疏散开始时间即从起火到开始疏散的时间。

一般情况下，疏散开始时间与火灾探测系统、报警系统、起火场所、人员相对位置、疏散人员状态及状况、建筑物形状及管理状况、疏散诱导手段等因素有关。疏散开始时间可分为探测时间（t_{det}）、报警时间（t_{warn}）和人员的疏散预动作时间（t_{pre}），即

$$t_{start} = t_{det} + t_{warn} + t_{pre} \tag{6-2}$$

式中　t_{det}——火灾发生、发展将触发火灾探测与报警装置而发出报警信号，使人们意识到有异常情况发生，或者人员通过本身的味觉、嗅觉及视觉系统察觉到火灾征兆的时间；

　　　t_{warn}——从探测器动作或报警开始至警报系统启动的时间；

　　　t_{pre}——疏散预动作时间，指人员从接到火灾警报之后到疏散行动开始之前的这段时间间隔。t_{pre}包括识别时间（t_{rec}）和反应时间（t_{res}），即

$$t_{pre} = t_{rec} + t_{res} \tag{6-3}$$

式中　t_{rec}——从火灾报警或信号发出后到人员还未开始反应的时间，当人员接收

到火灾信息并开始作出反应时，识别阶段即结束；

t_{res}——从人员识别报警或信号并开始作出反应至开始直接朝出口方向疏散的时间，与识别阶段类似，反应阶段的时间长短也与建筑空间的环境状况有密切关系，从数秒钟到数分钟不等。

发生火灾时，通知人们疏散的方式不同，建筑物的室内环境不同，人们得到发生火灾的消息并准备疏散的时间也不同。

2. 疏散行动时间（t_{trav}）

疏散行动时间即从疏散开始至疏散到安全地点的时间，它由疏散动态模拟模型得到。疏散行动时间的预测是基于建筑中人员在疏散过程中是有序进行，不发生恐慌为前提的。

火灾发展与人员疏散过程的关系如图6-3所示。

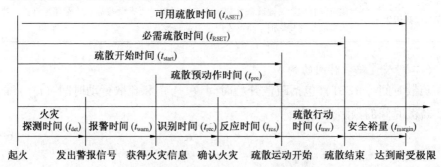

图6-3　火灾发展与人员疏散过程的关系

因此，疏散时间 t_{REST} 可以概括为

$$t_{REST} = t_{det} + t_{warn} + t_{rec} + t_{res} + t_{trav} \tag{6-4}$$

考虑到疏散过程中存在的某些不确定性因素（实际人员组成、人员状态等），需要在分析中考虑一定的安全裕量 t_{margin} 以进一步提高建筑物的疏散安全水平。

3. 火灾探测时间（t_{det}）

设计方案中所采用的火灾探测器类型和探测方式不同，探测到火灾的时间也不相同。

因此，在计算火灾探测时间时可以通过计算火灾中烟气的减光度、温度或火焰长度等特性参数来预测火灾探测时间。

（三）人员疏散安全性评估

1. 不考虑建筑倒塌因素的判定原则

建筑的使用者撤离到安全地带所花的时间（t_{REST}）小于火势发展到超出人体耐受极限的时间（t_{AEST}），则表明达到人员生命安全的要求。即保证安全疏散的

判定准则为

$$t_{\text{RSET}} + \text{TS} < t_{\text{ASET}} \tag{6-5}$$

式中　t_{RSET}——疏散时间；

t_{ASET}——开始出现人体不可忍受情况的时间，也称可用疏散时间或危险来临时间；

TS——安全裕度，即防火设计为疏散人员所提供的安全裕量。

疏散时间 t_{RSET}，即建筑中人员从疏散开始至全部人员疏散到安全区域所需要的时间，疏散过程大致可分为感知火灾、疏散行动准备、疏散行动、到达安全区域等几个阶段。

危险来临时间 t_{ASET}，即疏散人员开始出现生理或心理不可忍受情况的时间，一般情况下，火灾烟气是影响人员疏散的最主要因素，常常以烟气下降一定高度或浓度超标的时间作为危险来临时间。

安全裕度的取值：

（1）一般情况下，安全裕度建议取为 0 至 1 倍的疏散行动时间。

（2）对于商业建筑来说，由于人员类型复杂，对周围的环境和疏散路线并不都十分熟悉，所以在选择安全裕度时，取值建议不应小于疏散行动时间的一半。

2. 考虑建筑倒塌和灭火救援因素的安全评估原则

1）考虑建筑倒塌的安全评估原则

如当结构存在坍塌的危险时，要保证人员的安全，需要同时满足下面的条件，即

$$t_{\text{RSET}} < \min(T_{\text{fr}}, T_{\text{f}}) \tag{6-6}$$

式中　T_{fr}——结构的耐火极限；

T_{f}——在火灾条件下结构的失效时间。

2）考虑灭火救援因素的安全评估原则

当人员无法疏散、需要滞留在建筑内等待救援时，需要同时满足下面的条件：

$$KT_{\text{control}} < \min(T_{\text{fr}}, T_{\text{f}}) \tag{6-7}$$

式中　T_{control}——消防队有效控火时间；

K——安全系数。

二、建筑结构耐火性能化设计与评估

（一）火灾中影响建筑结构耐火性能的因素

1. 结构类型

（1）钢结构。

（2）钢筋混凝土结构。

（3）钢-混凝土组合结构：

① 型钢混凝土结构；

② 钢管混凝土结构。

建筑结构类型不同，在高温下，其强度、变形等力学性能变化有差异。

2. 荷载比

荷载比为结构所承担的荷载与其极限荷载的比值。

3. 火灾规模

火灾规模包括火灾温度和火灾持续时间。

4. 结构及构件温度场

温度越高，材料性能劣化越严重，结构及构件的温度场是影响其耐火性能的主要因素之一。

（二）结构耐火性能设计的目的及判定标准

1. 总目标

受火灾作用时，建筑物中受力结构应能在合理的消防投入基础上，保持建筑结构的安全性和整体稳定性。

2. 性能目标

（1）减轻结构在火灾中的破坏，避免因结构在火灾中局部倒塌而危害建筑内部人员的疏散安全和外部灭火人员安全与救援困难。

（2）避免结构在火灾中因变形、垮塌而难以修复或影响重要功能的使用、减少灾后结构的修复费用和难度，缩短结构功能的恢复期。

（3）预防因构件破坏而加剧火灾中的热对流和热辐射，使火灾蔓延至其他防火区域或相邻建筑物。

3. 确保安全的判定标准

所设计的结构构件的耐火时间，必须不小于根据该建筑设定火灾场景下各结构构件应具备的最小耐火时间或根据规范确定的耐火极限。即对于建筑构件，无论是构件层次还是整体结构层次的耐火设计，均应满足下列要求之一：

（1）在规定的结构耐火时间内，结构的承载力 R_d 应不小于各种作用所产生的组合效应 S_m，即 $R_d \geqslant S_m$。

（2）在各种荷载效应组合下，结构的耐火时间 t_d 应不小于规定的结构耐火极限 t_m，即 $t_d \geqslant t_m$。

（3）在火灾条件下，当结构内部温度均匀时，若取结构达到承载力极限状态时的内部温度为临界温度 T_d，则应不小于在耐火极限时间内结构的最高温度

T_m，即 $T_d \geq T_m$。

4. 钢结构失效的判定条件

（1）在要求的耐火时间内，钢结构梁、柱的温度超过 550 ℃。

（2）钢结构构件的变形或承载力大于允许值。

（3）在要求的耐火时间内，钢屋架中各支撑构件的温度超过 380 ℃。

附录　记录表式样

建设工程消防设计审查记录表式样见附表 1，建设工程消防设计审查具体情况记录表式样见附表 2。

附表 1　建设工程消防设计审查记录表式样

建设工程名称			工程类别	□新建□扩建□改建（□装修□建筑保温□改变用途）		使用性质	
建设单位			设计单位			受理/备案凭证文号	
建筑面积/m²		占地面积/m²		建筑高度/m	层数	火灾危险性	
建设工程消防设计审核/备案检查/备案复查意见	□合格　　□不合格 主责承办人（签名）：　年　月　日			建设工程消防设计审核技术复核意见	技术复核人（签名）：　年　月　日		
序号	检查内容			检查人签名	检查人意见		
1	□消防设计文件的编制符合消防设计文件申报要求情况				□合格　□不合格		
2	□建筑类别的耐火等级				□合格　□不合格		
3	□总平面布局和平面布置				□合格　□不合格		
4	□建筑构造防火				□合格　□不合格		
5	□安全疏散设施				□合格　□不合格		
6	□灭火救援设施				□合格　□不合格		
7	□消防给水和消防设施				□合格　□不合格		
8	□供暖、通风和空气调节系统防火				□合格　□不合格		
9	□消防用电及电气防火				□合格　□不合格		
10	□建筑防爆				□合格　□不合格		
11	□建筑装修和保温防火				□合格　□不合格		

附表2 建筑工程消防设计审查具体情况记录表式样

单 项	子 项	技术审查发现的问题及重要程度分类（A、B、C）	是否合格	审查人员签名
1 建筑类别和耐火等级	1.1 建筑类别			
	1.2 建筑耐火等级			
	1.3 建筑构件的耐火极限和燃烧性能			
2 总平面布局和平面布置	2.1 工程选址			
	2.2 防水间距			
	2.3 建筑平面布置			
	2.4 建筑层数和防火分区			
	2.5 消防控制室和消防水泵房			
	2.6 特殊场所			
3 建筑构造防火	3.1 墙体构造			
	3.2 竖向井道构造			
	3.3 屋顶、闷顶和建筑缝隙			
	3.4 建筑保温、建筑幕墙的防火构造			
	3.5 建筑外墙装修			
	3.6 天桥、栈桥和管沟			
4 安全疏散设施	4.1 安全出口（含疏散楼梯）			
	4.2 疏散楼梯和疏散门的设置			
	4.3 疏散距离和疏散走道			
	4.4 避难屋（间）			
5 灭火救援设施	5.1 消防车道			
	5.2 救援场地和入口			
	5.3 消防电梯			
	5.4 直升机停机坪			
6 消防给水和消防设施	6.1 消防水源			
	6.2 室外消防给水及消火栓系统			
	6.3 室内消火栓系统			
	6.4 水灾自动报警系统			

附表 2 (续)

单　项	子　项	技术审查发现的问题及重要程度分类（A、B、C）	是否合格	审查人员签名
6　消防给水和消防设施	6.5　防烟设施			
	6.6　排烟设施			
	6.7　自动喷水灭火系统			
	6.8　气体灭火系统			
	6.9　其他消防设施和器材			
7　供暖、通风和空气调节系统防火	供暖、通风和空气调节系统防火			
8　消防用电及电气防火	8.1　消防用电负荷等级			
	8.2　消防电源			
	8.3　消防配电			
	8.4　用电系统防火			
	8.5　应急照明和疏散指示			
9　建筑防爆	建筑防爆			
10　建筑装修和保温防火	10.1　建筑类别和规模、使用功能			
	10.2　装修工程的平面布置			
	10.3　装修材料燃烧性能等级			
	10.4　消防设施和疏散情况			
	10.5　电气设备、装修防火			
	10.6　建筑保温防火			

注：特殊场所是指民用建筑内的人员密集场所，歌舞娱乐放映游艺场所，儿童活动场所，锅炉房，空调机房，厨房，手术室等，以及工业建筑内高火灾危险性部位、中间仓库及总控制室、员工宿舍、办公室、休息室等场所

参 考 文 献

[1] 中华人民共和国住房和城乡建设部，中华人民共和国国家质量技术监督检验检疫总局.
　　GB 50016—2014 建筑设计防火规范（2018 年版）［S］. 北京：中国计划出版社，2018.

[2] 中华人民共和国住房和城乡建设部，中华人民共和国国家质量技术监督检验检疫总局.
　　GB 50974—2014 消防给水及消火栓系统技术规范［S］. 北京：中国计划出版社，2014.

[3] 中华人民共和国建设部，中华人民共和国国家质量技术监督检验检疫总局. GB 50347—
　　2004 干粉灭火系统设计规范［S］. 北京：中国标准出版社，2004.

[4] 中华人民共和国建设部，中华人民共和国国家质量技术监督检验检疫总局. GB 50370—
　　2005 气体灭火系统设计规范［S］. 北京：中国计划出版社，2006.

[5] 中华人民共和国住房和城乡建设部，中华人民共和国国家质量技术监督检验检疫总局.
　　GB 50193—1993 二氧化碳灭火系统设计规范（2010 年版）［S］. 北京：中国计划出版
　　社，2010.

[6] 中华人民共和国住房和城乡建设部，中华人民共和国国家质量技术监督检验检疫总局.
　　GB 50116—2013 火灾自动报警系统设计规范［S］. 北京：中国计划出版社，2013.

[7] 中华人民共和国住房和城乡建设部，中华人民共和国国家质量技术监督检验检疫总局.
　　GB 50084—2017 自动喷水灭火系统设计规范［S］. 北京：中国计划出版社，2017.

[8] 中华人民共和国住房和城乡建设部，中华人民共和国国家质量技术监督检验检疫总局.
　　GB 50052—2009 供配电系统设计规范［S］. 北京：中国计划出版社，2010.

[9] 中华人民共和国建设部. JGJ 16—2008 民用建筑电气设计规范［S］. 北京：中国建筑工
　　业出版社，2008.

[10] 中华人民共和国住房和城乡建设部，中华人民共和国国家质量技术监督检验检疫总局.
　　 GB 50058—2014 爆炸危险环境电力装置设计规范［S］. 北京：中国计划出版社，2014.

[11] 中华人民共和国住房和城乡建设部，中华人民共和国国家质量技术监督检验检疫总局.
　　 GB 50219—2014 水喷雾灭火系统技术规范［S］. 北京：中国计划出版社，2015.

[12] 中华人民共和国住房和城乡建设部，中华人民共和国国家质量技术监督检验检疫总局.
　　 GB 50898—2013 细水雾灭火系统技术规范［S］. 北京：中国计划出版社，2015.

[13] 中华人民共和国住房和城乡建设部，中华人民共和国国家质量技术监督检验检疫总局.
　　 GB 51251—2017 建筑防烟排烟系统技术标准［S］. 北京：中国计划出版社，2018.

[14] 中华人民共和国公安部. GA 1290—2016 建设工程消防设计审查规则［S］. 北京：中国
　　 标准出版社，2016.

[15] 中国消防协会. 注册消防工程师资格考试辅导教材［M］. 北京：中国人事出版
　　 社，2019.

[16] 陈南，蒋慧灵. 电气防火及火灾监控［M］. 北京：中国人民公安大学出版社，2014.